KB075191

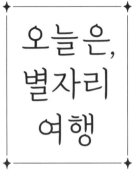

오늘은,
별자리
여행

지호진 글 이혁 그림

동심을 찾아 떠나는 별자리 여행

우리는 참 행복한 사람들입니다.

하늘과 산과 나무, 바다를 바라보며 맑고 밝은 마음을 가질 수 있고

자연이 주는 즐거움, 자연과 함께하는 소중함을 느낄 수 있으니까요.

그렇지만 이런 행복을 누구나 다 느낄 수 있는 것은 아닙니다.

푸른 하늘과 눈부신 자연, 아름다운 밤하늘과 반짝이는 별들을

사랑하는 마음을 가져야 합니다.

늘 우리 곁에 있다고 무심히 지나쳐 버리면 하늘도 나무도 꽃도 별도

아름답고 재미있는 이야기를 들려주지 않을 테니까요.

어린 시절 누구나 한 번쯤은 아름다운 밤하늘의 별을 보며

신비로운 미지의 세계를 상상하기도 하고, 책에서 읽었던 별에 얽힌

재미있는 이야기를 하늘에 그려 보기도 했을 겁니다.

계절마다 밤을 수놓는 보석 같은 별들을 보며

마음 깊은 곳에 별처럼 빛나는 나만의 꿈을 품어 보기도 했겠지요.

밤하늘의 별들은 아무렇게나 놓여 있는 것처럼 보이지만

별들도 자신의 자리가 있고, 이름이 있고, 이야기가 있습니다.

하지만 공해로, 도시의 불빛으로, 혹은 바쁜 삶으로

별들은 우리의 눈에서, 마음에서 점점 빛을 잃고 사라져 가고 있습니다.

오늘은, 눈과 마음을 열고 별자리 여행을 떠나 보세요.

그리고 별들의 이야기에 귀 기울여 보세요.

어릴 적 밤하늘을 바라보던 순수한 동심을 찾아

나의 마음속 빛나는 별을 다시 만나기를 바랍니다.

차례

*이 책에서 그림으로 표현한 별자리의 모양과 위치는
실제 눈으로 보는 밤하늘의 모습과 다를 수 있습니다.

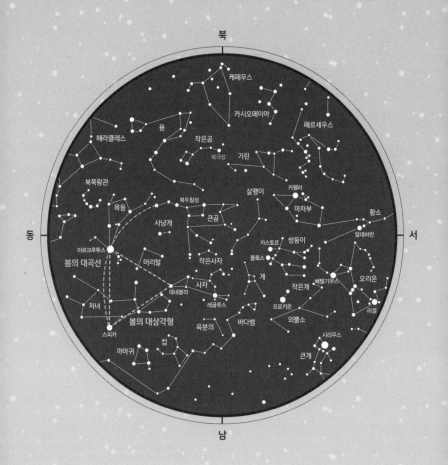

북

케페우스

카시오페이아

페르세우스

헤라클레스   용   작은곰   기린

북극성

북쪽왕관   살쾡이   카펠라   황소

옥동   북두칠성   마차부   알데바란

동   아르크투루스   사냥개   큰곰   카스토르   쌍둥이   서

봄의 대곡선   작은사자   폴룩스   오리온

머리털   게   베텔기우스

처녀   데네볼라   사자   작은개   리겔

봄의 대삼각형   레굴루스   프로키온   외뿔소

스피카   육분의   바다뱀   시리우스

컵   까마귀   큰개

남

봄 별자리 여행

9

그럼 어떤 별들을 볼 수 있어요?

별자리는요? 큰곰이나 귀여운 작은곰? 아니면 예쁜 왕관?

목동자리

처녀자리

사자자리

아르크투루스

스피카

레굴루스

우선 봄에는 목동자리, 처녀자리, 사자자리의 알파성인 아르크투루스, 스피카, 레굴루스 등이 눈에 잘 띄지.

할아버지, 알파성이 뭐예요?

알파성은 그 별자리에서 가장 밝은 별을 말한단다.

각 별자리마다 별자리를 이루고 있는 별들을 가장 밝은 별부터 시작해 그리스 문자 알파(α), 베타(β), 감마(γ)… 등의 순서로 부르지.

그런데 귀여운 곰자리는 어떤 거예요?

자, 북쪽을 살펴보자. 아, 저기 있다. **북두칠성!**

저기 일곱 개의 별로 만들어진 국자 모양 보이지?

네! 정말 국자 모양이에요.

저 국자 모양의 북두칠성이 바로 큰곰자리의 등과 꼬리란다.

그런데 왜 북두칠성 이라고 해요?

북두칠성은 중국 사람들이 붙인 이름이고, 서양에서는 **국자(Big Dipper)**로 부르지.

그럼 작은곰자리 는요?

그거야 작은곰이니까 큰곰 옆에 있겠지!

저쪽에 알파벳 W자 모양의 별자리도 보이는데요?

작은곰자리를 찾으려면 먼저 북극성을 찾아야 해. 북극성은 북두칠성 국자 머리 부분에서 5배쯤 떨어진 곳에 밝게 빛나고 있지.

북두칠성 옆에 가장 반짝거리는 별이 보이지? 그게 북극성이야.

그게 바로 **카시오페이아자리**란다. 북극성을 찾기 어려우면 북두칠성과 카시오페이아 자리를 찾고, 그 중간에 밝게 빛나는 별을 찾으면 되지.

칼리스토라는 아름다운 요정이 있었어. 그녀는 사냥의 신이자
처녀의 신인 아르테미스를 섬기면서 평생
결혼하지 않을 거라고 맹세를 했지.

그러던 어느 날, 칼리스토는 혼자 사냥을 나갔다
지쳐 숲속에서 잠이 들고 말았어.

그런데 하늘에서 신들의 왕인 제우스가 칼리스토의
잠든 모습을 보고는 한눈에 반하고 말았지.
"오! 저 여인은 누구지? 정말 아름답구나!"

제우스는 지상에 내려와 그녀 앞에 나타났어.
칼리스토는 아르테미스에게 했던 맹세를 지키고
싶었지만, 신들의 왕인 제우스의 사랑을 거절할 수
없었지. 결국 칼리스토는 제우스의 아들을 낳았고,
그 소식은 제우스의 아내인 헤라에게 전해졌어.

질투심 많은 헤라는 몹시 화난 표정을
지으며 칼리스토 앞에 나타났어. 그러자
칼리스토는 헤라에게 눈물로 용서를 빌었어.
"헤라님, 잘못했습니다. 용서해 주세요!"

그러나 칼리스토는 온몸에 털이 나기 시작했고, 그만 큰 곰으로 변하고
말았어. 자신의 모습이 곰으로 변한 것을 알게 된 칼리스토는 숲속으로
도망을 쳤고, 그때부터 사냥꾼에게 쫓기는 신세가 되었지.

세월이 흐른 어느 날, 한 젊은이가 사냥을 하다가 커다란 곰 한 마리를 발견했어.
그 곰은 칼리스토였고, 그 젊은이는 바로 칼리스토가 낳은 아들이었지.
그의 이름은 아르카스, 숲속에 버려진 아이를 어느 농부가
데려다가 키웠고 늠름한 사냥꾼이 된 거야.

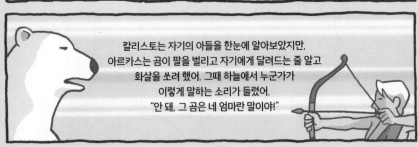

칼리스토는 자기의 아들을 한눈에 알아보았지만,
아르카스는 곰이 팔을 벌리고 자기에게 달려드는 줄 알고
화살을 쏘려 했어. 그때 하늘에서 누군가가
이렇게 말하는 소리가 들렸어.
"안 돼, 그 곰은 네 엄마란 말이야!"

하늘에서 들리는 소리는 바로 제우스의 목소리였어. 그렇지만 아르카스는 그 소리를 듣지 못했고, 이 안타까운 장면을 보다 못한 제우스는 칼리스토를 하늘로 올려 별자리로 만들어 주었어. 물론 아르카스도 함께 하늘로 올려서 별자리로 만들었지. 헤라가 아르카스도 해칠까 걱정되었던 거야. 그래서 밤하늘에는 칼리스토가 변한 큰곰자리와 아르카스가 변한 작은곰자리가 생겼어.

이 사실을 알게 된 헤라는 다시 질투심으로 불타올랐어. '내가 저주를 내렸던 여인이 오히려 밤하늘의 영롱한 별자리가 되어 전보다 더 아름답게 빛나는 존재가 되다니⋯.'

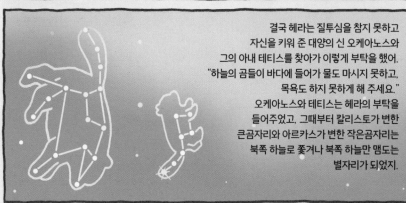

결국 헤라는 질투심을 참지 못하고 자신을 키워 준 대양의 신 오케아노스와 그의 아내 테티스를 찾아가 이렇게 부탁을 했어. "하늘의 곰들이 바다에 들어가 물도 마시지 못하고, 목욕도 하지 못하게 해 주세요." 오케아노스와 테티스는 헤라의 부탁을 들어주었고, 그때부터 칼리스토가 변한 큰곰자리와 아르카스가 변한 작은곰자리는 북쪽 하늘로 쫓겨나 북쪽 하늘만 맴도는 별자리가 되었지.

별자리는 보는 사람에 따라 다른데, 옛날 사람들은 북두칠성을 여러 모양으로 생각했단다.

어떻게요?

이집트 사람들은 **소와 함께 누워 있는 사람**으로 상상했고,

중국에서는 **황제의 마차**라고 생각했지.

그리고 점성술이 발달한 아라비아에서는 **관을 메고 가는 여자들**로 보았단다.

그럼, 북두칠성 주위의 별들은 황제를 뒤따르는 신하 별인가?

로마 시대에는 **시력 검사표**로도 사용했단다.

북두칠성 옆에 있는 '알코르'라는 작은 별은 눈이 좋은 사람만 볼 수 있어서

알코르

로마 시대에는 병사들을 뽑을 때, 알코르가 보이는지 아닌지를 기준으로 시력 검사를 했단다.

별자리는 북극성을
중심으로 반시계
방향으로 돈다.

산이 말이 맞다.
시간이 지나면서
별자리가 이동하는 것은
지구가 돌고
있다는 뜻이지.

지구가 팽이처럼
하나의 축을 중심으로
도는 것을 **자전**이라 하고,
또 지구가 태양의 주위를
한 바퀴 도는 것을
공전이라 한단다.

낮   밤

지구의 자전으로
낮과 밤이 생기는 거야.
지구가 태양을 향하고
있는 쪽은 낮, 그 반대편은
밤. 그래서 지구가 자전
하는 데 꼬박 하루가
걸려.

또, 지구가 태양
주위를 한 바퀴 돌면
1년이 되지. 계절의
변화도 공전 때문에
생기는 거야.

즉, 지구는 북극과 남극을 연결하는 보이지 않는 선을 중심축으로 도는데,

*북극성은 그 축의 북쪽 연장선 위에 있어서 움직이지 않는 것처럼 보이지.

그러니까 북극성이 보이는 방향이 북쪽이 되는 거란다.

그래서 옛날 사람들이 이 별을 보고 길을 찾았군요!

그렇지. 적도 북쪽에 사는 사람들에게는 길을 안내해 주는 나침반 역할을 했지.

*북극성 약 5천 년 전에는 북쪽 하늘 별자리인 용자리의 알파성 투바가 북극성 역할을 했다고 한다

그럼, 적도
남쪽에는 남극성이
있겠네요?

남극성이라는
별은 없단다.
대신 십(十)자 모양의
남십자성을 보고
방향을 찾았지.

에헷,
저도 별에 대해
공부 좀
해야겠어요.

허허허!

하하하!

그런데
아까는 보이지
않던 별들이
있어요.

북두칠성 손잡이 밑의 저 밝은 별은 뭐예요?

어디 좀 보자. 아마도 목동자리의 아르크투루스 같구나.

목동자리?

아르크 투루스?

아르크투루스

목동자리의 1등성인 아르크투루스! 봄 밤하늘에 가장 빛나는 별이어서 '하늘의 등대'라고도 한단다.

아르크투루스

옆에 별들이 보여요. 그런데 목동보다는 오각형이나 연처럼 보이는데요?

아르크투루스

할아버지 얘기를 들어 보면 달리 보일 게다.

인간에게 포도 재배와 술 담그는 법을 알려 준
디오니소스라는 신이 있었어. 허름한 차림으로 여행을
다니던 중 어느 마을을 지나가게 되었는데,

날이 어두워져 가까운 농장에 가서 그곳 주인에게 하룻밤만
머물게 해 달라는 부탁을 했지. 농장의 주인은
이카리오스라는 맘씨 좋고 부지런한 사람이었어.

다음 날 아침, 디오니소스가 이카리오스의 농장을 둘러보니
질 좋은 포도가 나무마다 주렁주렁 열려 있었지.
디오니소스는 기분이 좋아서 자신의 신분을 밝히고
이카리오스에게 포도주 만드는 비법을 가르쳐 주었어.

달콤할 뿐만 아니라 사람의 기분을 좋게 해 주는 신비한 힘이 있는 포도주는 인류 최초의 술이었지. 이카리오스는 해마다 포도를 따면 제일 좋은 포도로 포도주를 만들어서 디오니소스 신에게 정성껏 바쳤단다.

어느 해, 풍년이 들어 좋은 포도를 따서 포도주를 만든 이카리오스는 늘 함께하던 개 두 마리를 데리고 디오니소스 신에게 포도주를 바치기 위해 신전으로 향했어.

한참 숲길을 걷다가 점심을 먹고 있는 목동들을 발견했어. 이카리오스는 목동들과 인사를 나누고 함께 점심을 먹으며 자기가 가져온 포도주를 목동들과 나누어 마셨지.

목동들은 달콤한 맛과 마시면 기분이 좋아지는 신비한 힘에 이끌려 포도주를 연거푸 마셔 댔고, 그중 한 명이 그만 크게 취해서 비틀거리며 혼자 중얼거리는 행동을 하게 되었어.

그 목동의 술 취한 행동을 바라보던 다른 목동들은 이카리오스가 자기들에게 준 포도주를 이상하게 여기기 시작했지.
"저자가 준 이상한 것은 독약이 틀림없어. 우리들을 죽이려고 준 거야!"
"맞아. 그렇지 않고서는 저렇게 비틀거리고, 자신도 모르는 말을 할 리가 없지!"
목동들은 잠이 든 이카리오스를 그 자리에서 죽이고 말았어.

주인이 죽은 것을 안 개들은 마을로 달려갔고, 개들을 본 이카리오스의 딸은 불길한 생각에 숲속으로 달려갔어. 그리고 덤불 속에서 죽어 있는 아버지를 발견했지.

아버지를 잃은 슬픔에 딸도 그 자리에서 목숨을 끊었고, 주인을 잃는 개들도 꼼짝 않고
몇 날 며칠 주인 곁을 지키다가 그대로 굶어 죽고 말았어.

이 사실을 알게 된 마을 사람들은 이카리오스와 그의 딸 그리고 개들을 양지 바른
곳에 묻어 주었고, 이카리오스를 죽인 목동들을 붙잡아 큰 벌을 주었지.

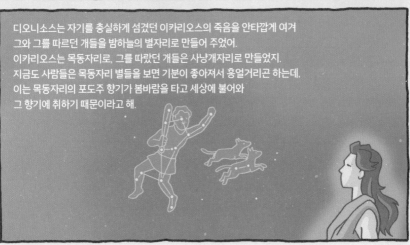

디오니소스는 자기를 충실하게 섬겼던 이카리오스의 죽음을 안타깝게 여겨
그와 그를 따르던 개들을 밤하늘의 별자리로 만들어 주었어.
이카리오스는 목동자리로, 그를 따랐던 개들은 사냥개자리로 만들었지.
지금도 사람들은 목동자리 별들을 보면 기분이 좋아져서 흥얼거리곤 하는데,
이는 목동자리의 포도주 향기가 봄바람을 타고 세상에 불어와
그 향기에 취하기 때문이라고 해.

목동자리

아르크투루스

봄 밤하늘의 등대가 될 만한 아름다운 별자리지.

이카리오스와 딸, 그를 따르던 사냥개가 생각나서 어쩐지 슬퍼 보여요.

그래서 그런지 더 아름답고 밝게 빛나는 것 같아요.

자, 이제 다른 별자리를 찾아볼까?

아까는 몰랐었는데, 정말 별들이 총총해요.

이젠 별들만의 시간이 된 거지. 천문학적으로는 이제야 비로소 밤이 된 거란다.

근데 할아버지, 도대체 밤하늘에는 별이 몇 개나 있어요?

글쎄…, 너희들이 보기에는 얼마나 있을 것 같니?

음~ 1천 개 정도요?

하나, 둘, 셋, 넷, 다섯, 여섯….

그렇지만 산이의 대답도 크게 틀린 것은 아니란다.

정말요?

사람이 실제로 볼 수 있는 별은 약 2천~3천 개지만, 요즘은 공해 때문에 우리가 볼 수 있는 별의 수도 점점 줄어들고 있지.

그래서 1천 개의 별을 보기도 쉽지 않단다.

공해는 여러모로 아름다운 지구를 멍들게 하는군요.

별을 사랑하는 내 마음에도 멍이~

이제 **스피카**를 찾아볼까?

처녀자리에 있는 별이요?

샘이 네가 어떻게 알아?

할아버지께서 아까 알려 주실 때 이름이 예뻐서 외워 뒀지!

스피카는 처녀자리 별들 중 가장 밝게 빛나는 아름다운 별이지.

그런데 스피카는 목동자리의 아르크투루스와는 좀 달라 보여요.

맞아. 같은 1등성이지만 분명 큰 차이가 있지.

어디, 내가 보고 말해 줄게.

아냐, 내가 알아낼 거야.

알았다! 처녀자리의 **스피카**는 하얀색 별이야!

뭐? 하얀색 별이라고?

맞단다.
스피카는 순백색의
별이고, 아르크투루스는
오렌지색 별이지.

하얗게 빛나니까
더 순수하고
아름답게 보인다,
그치?

별들의 색깔이
다른 것도 밝기가 다른
것처럼 무슨 이유가
있을 거야. 온도 차이
때문인가?

산이 말이 맞아.
별들의 색깔이 조금씩
다른 건 **별들의 표면
온도가 각기 다르기
때문**이란다.

별들도 태양처럼 빛나고 있지. 이렇게 스스로 빛을 내는 별들을 **항성**이라고 한단다.

항성

그리고 지구나 달처럼 태양빛을 반사해서 빛나는 별을 **행성**이라고 하지.

항성   행성

달   지구   태양   스피카

별들은 지구와 너무 멀리 떨어져 있어서 달보다 작게 보이지만, 달의 지름은 지구의 1/4 정도밖에 되지 않지. 그러나 태양은 지구의 109배란다.

태양의 표면 온도가 약 6천 도인데 스피카의 표면 온도는 무려 2만 도, 지구와의 거리는 약 250광년이나 된단다.

우와~ 대단해!

그건 페르세포네가 곡물의 신 데메테르의 딸이기 때문이야.

할아버지, 그러면 처녀자리 이야기 좀 들려주세요.

저처럼 예쁜 처녀자리 이야기라 더 궁금해요.

으이구, 저 공주병!

그래, 우리 샘이처럼 예쁜 처녀자리 얘기를 들려주마.

엔나의 호숫가에서 예쁜 꽃들을 꺾으며 시간을 보내던 아름다운 처녀가 있었어.
그녀는 바로 곡물의 신인 데메테르의 딸 페르세포네였지.
한편 지하 세계의 신 하데스는 하늘의 신인 동생 제우스를
만나려고 검은 말이 끄는 마차를 타고 길을 나섰어.

마차는 어둠의 동굴을 지나 땅 위로 달리기 시작했고, 그는 땅 위에서
연못가의 페르세포네를 보게 되었어. 하데스는 첫눈에 반해
그녀에게 다가가 사랑을 고백했지.

갑자기 나타난 하데스를 본 페르세포네는 깜짝 놀라
도망치려 했지만, 하데스는 재빨리 그녀를 붙잡아 자신의 마차에
태우고는 어디론가 달리기 시작했어. 마차가 키아네강 앞에
이르자 하데스는 들고 있던 창으로 땅을 내리쳤어.

그러자 땅이 갈라지며 지하 세계로 통하는 입구가 열리고
하데스는 페르세포네를 데리고 지하 세계로 들어가 버렸어.
페르세포네가 갑자기 사라지자 그녀의 어머니 데메테르는
잃어버린 딸을 찾아 다녔고, 그렇게 한참을
찾아 헤매다 지하 세계의 입구인 키아네강 가에서
페르세포네의 허리띠를 발견했지.

슬픔에 빠진 데메테르는 땅에 저주를 퍼부었어.
"이 은혜를 모르는 땅아! 나는 너를 비옥하게 만들어 주었건만,
너는 내 딸이 납치되도록 길을 열어 주었단 말이냐.
이제 더 이상 네게 은총을 베풀지 않으리라."

그러자 그녀의 말처럼 땅에는 이상한 일이 벌어지기 시작했어.
갑자기 가축들이 죽고, 밭을 갈던 쟁기가 부러지고, 씨는 싹을 틔우지 못해
새들이 쪼아 먹고, 들판에는 엉겅퀴와 가시덤불만 자라났어.
비가 내리면 큰 홍수가 되어 땅 위의 모든 것을 휩쓸어 버렸지.

이 광경을 안타깝게 지켜보던 강의 요정이 그녀에게 '땅은 지하 세계의
하데스 왕이 무서워 길을 열어 주었을 뿐'이라고 일러 주었어.
이 말을 들은 데메테르는 곧바로 신들의 왕인 제우스를 찾아가 간청했지.
"아무 죄도 없이 지하 세계의 하데스에게 끌려간
제 딸 페르세포네를 찾아 주세요."

제우스는 입장이 난처했어. 하데스는 자신의 형이었기
때문이었지. 그럼에도 사랑하는 딸을 잃고 울부짖는
데메테르가 너무 안타까워 그의 전령인 헤르메스를
지하 세계로 보냈어. 그러나 헤르메스도 페르세포네를
지상으로 데려올 수는 없었어.

지하 세계의 음식을 먹으면 영원히 지하 세계를 나올 수 없는데,
그 사실을 몰랐던 페르세포네가 그만 석류 네 알을 먹고 만 거야.
헤르메스는 이 사실을 제우스에게 알렸고
제우스는 고심 끝에, 하데스에게 제안을 하나 했어.

"페르세포네가 석류 네 알을 먹었으니, 1년 중 4개월은 지하
세계에서 보내고, 나머지 기간은 지상에서 보내게 합시다."
하데스는 신들의 왕인 제우스의 제의를
쉽게 거절할 수 없어 동의를 했어.

페르세포네는 헤르메스를 따라 지상에 올라올 수 있었고,
그녀를 만난 데메테르는 다시 삶의 기쁨과 희망을 찾았어.
그녀가 희망을 찾자 시들었던 나무와 풀들이 다시 푸르게
살아나기 시작했어. 사람들은 그걸 '봄'이라 불렀지.

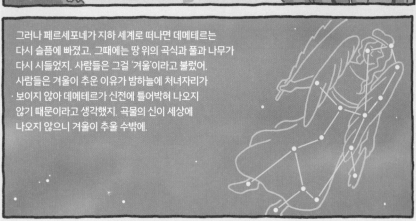

그러나 페르세포네가 지하 세계로 떠나면 데메테르는
다시 슬픔에 빠졌고, 그때에는 땅 위의 곡식과 풀과 나무가
다시 시들었지. 사람들은 그걸 '겨울'이라고 불렀어.
사람들은 겨울이 추운 이유가 밤하늘에 처녀자리가
보이지 않아 데메테르가 신전에 틀어박혀 나오지
않기 때문이라고 생각했지. 곡물의 신이 세상에
나오지 않으니 겨울이 추울 수밖에.

페르세포네가 영원히 지하 세계에 갇혀서 살았더라면 이 세상에는 봄이 없었겠네요?

그건 신화 속 이야기지. 계절의 변화는 지구의 공전 때문이라고 아까 할아버지께서…

쳇, 나도 알아. 신화에 감동해서 해 본 소리야.

생명이 싹트는 봄이 얼마나 소중한지 처녀자리를 통해 다시 깨닫게 되었어요.

저도요!

봄의 대곡선으로 별들을 찾았으니 이젠 **봄의 대삼각형**을 찾아봐요.

아르크투루스

스피카

봄의 대삼각형은 봄의 대곡선에서 찾은 두 개의 1등성에 다시 한 개의 별만 이으면 되지.

아! 보여요.

그런데 그 별은 어떤 별자리에 있어요?

사자자리에 있는 별이 아닐까?

맞아! 바로 사자자리에 있단다.

오빠가 그걸 어떻게 알았어?

누가 그런 재미있는 생각을 했을까?

처음으로 별에 등급을 매긴 사람은 기원전 2세기경 그리스 천문학자 **히파르코스**였어.

가장 밝은 별은 1등성, 가장 어두운 별은 6등성… 이렇게 말이지.

하지만 그것은 그냥 느낌으로 정한 것이어서 정확하지 않았어.

근세에 와서는 객관적이고 과학적인 방법으로 별의 밝기를 측정했는데,

그 결과 영국의 천문학자 허셜은 1등성은 6등성보다 100배 정도 밝다는 사실을 밝혀냈지.

금성
약 - 4등급

보름달
약 - 12.5등급

태양
약 - 26.8등급

나중에는 1등성보다 밝은 별은 0, -1, -2등성으로, 6등성보다 어두운 별은 7, 8등성으로 나타냈지.

천문 과학이 발달하면서 예전에 볼 수 없던 별들을 발견한 거란다.

그러니까 별의 크기와는 상관없이 지구에서 보이는 밝기에 따라 정한 거였군요..

그걸 **겉보기 등급**이라고 하지.

찾았다!
봄의
대삼각형!!

그런데
정삼각형이 아니라
이등변삼각형
같아…

레굴루스

사자자리의
1등성 레굴루스를
찾은 게로구나.

그럼
뭘 찾아야
하는데요?

2등성인
데네볼라를 찾아야지.
사자자리의 꼬리에 있어
'꼬리별'이라고도
한단다.

아르크투루스

봄의 대삼각형

데네볼라

레굴루스

스피카

아하! 저기
약간 희미하게
보이는 별이구나.
정말 삼각형이
그려지네!

나도
찾았는데….

61

작은 왕….

사자의 심장이라고 부르는 레굴루스는 '작은 왕'이라는 뜻인데, 코페르니쿠스가 이름을 지었단다.

사자자리와 잘 어울리는 이름이에요.

사자자리니까 별자리 신화도 사자가 주인공?

'헤라클레스'라는 영웅이 사자자리의 주인공이지.

신들의 왕 제우스의 아들 헤라클레스요?

그래.

할아버지, 사자자리 신화도 얘기해 주세요.

저도 듣고 싶어요.

어느 날, 달에서 유성 하나가 네메아 계곡에 떨어졌는데, 그 유성은 무시무시한 사자의 모습으로 변해 가축은 물론 사람들도 마구 잡아먹었어. 그 사자는 달의 여신의 젖을 먹고 자랐기 때문에 창과 화살을 아무리 맞아도 끄떡없었지.

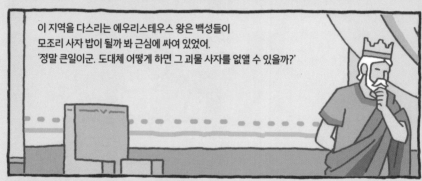

이 지역을 다스리는 에우리스테우스 왕은 백성들이 모조리 사자 밥이 될까 봐 근심에 싸여 있었어. '정말 큰일이군. 도대체 어떻게 하면 그 괴물 사자를 없앨 수 있을까?'

그러다가 왕은 헤라클레스라는 힘과 용맹이 뛰어난 영웅이 이 지역에서 노예로 생활하고 있다는 것을 기억했어. '그래! 헤라클레스라면 그 괴물을 물리칠 수 있을지도 몰라!'

헤라클레스가 이 지역에서 노예로 살고 있는 것은 헤라 여신의
질투 때문이었어. 헤라클레스는 헤라의 남편인 제우스와
알크메네라는 여인 사이에 태어난 아들이었거든. 헤라의 미움을 산
헤라클레스는 에우리스테우스 왕의 노예가 되었고,
12가지 과업을 완수해야만 다시
자유의 몸이 될 수 있었지.

에우리스테우스 왕은 헤라클레스에게 당장 괴물 사자를 죽이고,
사자의 가죽을 가져오라고 명령을 내렸어.

헤라클레스는 괴물 사자와 맞서 싸우기 위해
활과 화살을 챙기고, 올리브나무를 뽑아
몽둥이도 만들었지.

그리고 사자가 다닌다는 길목에 숨어서 사자를 기다렸어.
밤이 되자 괴물 사자가 어슬렁거리며 그 길목에 나타났지.

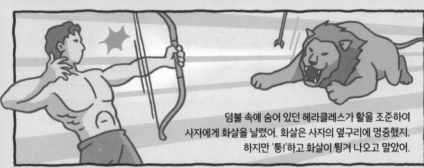

덤불 속에 숨어 있던 헤라클레스가 활을 조준하여
사자에게 화살을 날렸어. 화살은 사자의 옆구리에 명중했지.
하지만 '퉁!'하고 화살이 튕겨 나오고 말았어.

공격을 받은 괴물 사자는 헤라클레스에게 덤벼들었고,
이번에는 들고 있던 몽둥이로 사자를 내리쳤지.
그렇지만 몽둥이만 두 동강이 날 뿐이었어.

다시 헤라클레스가 괴물 사자에게 달려들어 목을 있는 힘껏 조르자, 마침내 괴물 사자는 '끄응~'하는 소리를 내며 죽었어.

헤라클레스는 죽은 사자의 머리로 투구를 만들어 쓰고, 가죽을 벗겨 몸에 걸치고는 왕궁으로 향했어. 거리에는 괴물 사자의 공포에서 벗어난 사람들이 열렬히 헤라클레스를 환영해 주었지.

제우스는 자신의 아들이 괴물 사자를 용맹스럽게 물리치자 이를 기념하기 위해 밤하늘에 사자자리를 만들어 주었단다.

혹시 그 무시무시한 사자가 또 지구에 내려오는 건 아닐까요?

걱정 마! 그건 '유성'인데 작은 돌멩이가 별이 된 거야.

돌멩이가 어떻게 반짝이는 별이 돼? 엉터리!

샘이야, 오빠 말이 맞는데? 하하!

유성은 지구 밖에서 떠돌던 작은 돌멩이들이 지구로 떨어지면서 빛을 내는 거야.

지구 대기권으로 들어오면서 공기와의 마찰로 점점 뜨거워지고, 결국 빛을 내며 타기 시작하지.

이렇게 떨어지는 유성은 하루에도 약 2만 개나 된대. 우리가 못 볼 뿐이지.

그리고 가끔 큰 돌멩이가 다 타지 못하고 땅에 떨어지기도 하는데, 그것을 운석 이라고 한단다.

아하! 그렇군요. 다시 봤어, 오빠!

유성을 순우리말로 별똥별이라고 하는데, 옛날에는 별똥별을 불길하게 생각했지.

이제야 이 오빠를 인정해 주는군.

그 얘기를 하니까 삼국 통일의 주인공 신라 김유신 장군이 생각나는구나!

왜요?

김유신 장군과 별똥별에 얽힌 재미있는 이야기가 있다는 말씀이죠?

그렇지! 그 이야기도 들려줄까?

네!

헤헤~

고구려·백제·신라 삼국이 한창 힘을 겨루던 삼국 시대였어. 신라 진영에는 명장 김유신 장군이 전투를 벌이려고 준비 중이었지.

밤이 되어 병사들이 막사에서 쉬고 있는데 갑자기 서쪽 하늘에서 무척 밝은 별똥별 하나가 신라의 땅 쪽으로 떨어진 거야.

그 광경을 본 병사들은 잔뜩 겁을 먹고 덜덜 떨었어. 별똥별이 떨어졌으니 전쟁에서 크게 패할 것이라고 생각한 거지. 당시 사람들은 별똥별을 불길한 징조라고 믿었거든.

이 사실을 알게 된 김유신은 무언가를 골똘히 생각하더니
부하들을 시켜 비밀리에 커다란 연을 만들게 했어.
다른 병사들은 눈치채지 못하게 말이지.

김유신은 만들어 놓은 연 꼬리에 횃불을 달도록 했어.
그리고 바람이 불자 연을 하늘 높이 띄우라고
명령했지. 연은 밤하늘에 밝은 빛을 내며
하늘로 훨훨 날아올랐어.

횃불을 단 연을 본 병사들은 떨어졌던 별똥별이
다시 하늘로 올라갔다고 생각했고,
사기가 오른 신라군은 다음 날 전투에서 크게 이겼어.
김유신의 작은 지혜가 큰 승리를 가져온 것이지.

별들이 더 총총해진 걸 보니, 시간이 많이 지난 것 같구나.

이제 집에 가야겠지?

벌써요?

너무 아쉬워요.

다음에 또 재미있는 별 구경 하자꾸나.

네, 오늘 정말 즐거웠어요! 할아버지~

또 놀러 와도 돼요?

그럼, 그럼!

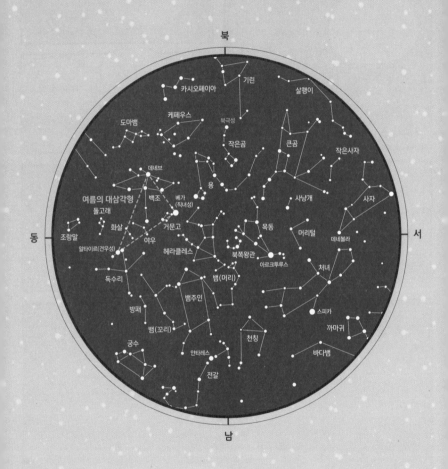

여름 별자리 여행

산이랑 샘이 왔구나! 그래, 잘 왔다!

안녕하셨어요? 삼촌!

안녕하세요?

야~ 별이
정말 많다!

사자자리도
보여. 그런데
북두칠성은
어디 있지?

북두칠성과
카시오페이아는
누워서 보면 금방
보일 거야.

저기 보여요,
북두칠성과
카시오페이아!

우와~
삼촌, 정말
대단해요.

별이면 별이지,
북두칠성은 뭐고
카시오…는
또 뭐야?

삼촌,
여름 별자리
얘기해 주세요.

삼촌도
별자리 많이
알아요?

그럼~
이래 봬도 삼촌이
동네에서 알아주는
별 박사인걸!

우리
아빠가 박사?
언제 박사가
되셨지?

여름은 별을 보기에 아주 좋은 계절이지.

밤에 춥지도 않고, 장마만 지나면 맑은 날도 많고.

독수리, 거문고, 백조, 헤라클레스, 궁수, 전갈, 천칭, 뱀주인, 용자리 등도 볼 수 있고,

봄에 봤던 **처녀자리**와 **사자자리**도 선명하게 볼 수 있지.

또 여름 하늘을 물결처럼 흐르는 **은하수**도 볼 수 있단다.

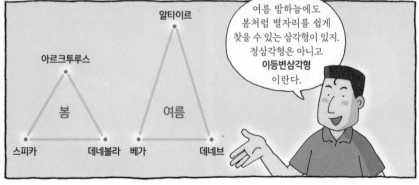

어떤 별이에요?

어느 별자리에 있어요?

어디 있지?

거문고자리와 독수리자리 그리고 백조자리에 있지.

거문고? 독수리? 백조?

거문고자리의 **베가**, 독수리자리의 **알타이르**, 백조자리의 **데네브**가 바로 여름 별자리를 찾는 길잡이 별이란다. 베가가 직녀성, 알타이르가 견우성이지.

견우성과 직녀성이요?

샘이는 좋겠네. 견우성, 직녀성을 무척 보고 싶어 했거든요.

어디에 있어요, 삼촌?

같이 찾아볼까? 어디에 있나….

우와~

이름처럼 정말 아름다운 별이지?

네!

직녀성을 서양에서는 베가라고 하는데

베가는 '떨어지는 독수리'라는 뜻이란다. 저렇게 작게 보이지만 실은 지름이 태양의 3배나 되는 별이지.

또 이 별은 천문학적으로도 매우 중요한 별인데, 왜 그런 줄 아니?

왜 그런데요?

너희들 별의 밝기에 따라 등급이 정해져 있는 거 알지?

네, 별의 밝기에 따라 1등성, 2등성, 3등성….

그래, 등급은 그런 별들의 밝기 차이를 나타내는 것인데,

베가는 별의 밝기 등급을 정하는 기준이 되는 별이란다. 이 별을 표준별로 다른 별들의 등급을 매길 수 있지.

아하! 그렇군요.

그런데 별자리는요?

저기, 베가를 중심으로 좀 일그러진 사각형이 보이지?

86 여름 별자리 여행

그런데 거문고 모양 같지는 않은데요?

네, 보여요!

그게 바로 **거문고자리** 란다.

사실은 거문고가 아니라 거문고처럼 현을 타서 소리 내는 서양 악기 하프를 그린 모양이지.

U나 V자 모양의 틀에 현을 걸어 사용했는데, 고대 그리스에서는 이 악기를 '리라'라고 불렀대.

거문고자리에도 견우성과 직녀성처럼 슬픈 이야기가 있을 것 같아요.

그렇단다. 아름답지만 슬픈 이야기가 있지.

태양의 신 아폴론에게 하프를 선물로 받은 오르페우스라는 청년이 있었어.
시인이며 음악가인 오르페우스가 하프를 연주하면 그 소리가 너무나
아름다워 주변의 모든 것들을 평화롭게 했단다.

사람들도, 숲속의 요정들도, 동물들도 심지어는 하늘의 신들까지⋯.
오르페우스에게는 에우리디케라는 아름다운 아내가 있었어. 어느 날, 그녀가 숲속에서
요정들과 함께 놀고 있었는데 갑자기 웬 낯선 남자가 불쑥 그녀에게 다가왔어.

깜짝 놀란 에우리디케는 도망을 가다가 그만 풀숲에 숨어 있던
독사에게 발목을 물렸어. 그녀는 그 자리에서 쓰러졌고,
이 소식을 들은 오르페우스가 달려왔지만
에우리디케는 이미 숨을 거두고 말았지.

사랑하는 아내를 잃고 슬픈 나날을 보내던
어느 날 오르페우스는 지하 세계에 가서
아내 에우리디케를 찾아오겠다는
큰 결심을 했어. 그러고는
바로 길을 떠났어.

마침내 오르페우스는 지하 세계로 통하는 동굴을 거쳐 죽음의
강에 다다랐어. 그곳에는 죽은 사람만 강을 건너게 하는
카론이라는 뱃사공이 강을 지키고 있었지. 오르페우스는
카론에게 강을 건너게 해 달라고 부탁했어.

하지만 카론은 그림자가 있는 사람은 이 강을 건널 수 없다며 거절을 했어.
그러자 오르페우스는 그 자리에서 하프를 연주하기 시작했고,
오르페우스의 하프 소리는 너무나도 애절하고 아름답게 울려 퍼졌지.

카론은 오르페우스의 슬픈 연주 소리에 마음이 흔들려 그를 배에 태워 강을 건너게 해 주었고, 지하 세계의 입구를 지키는 머리가 셋 달린 개 케르베로스 역시 그의 하프 소리에 잠이 들고 말았어.

결국 오르페우스는 지하 세계의 왕 하데스를 만났고, 에우리디케를 돌려 달라고 애원했어. 하데스가 냉정하게 거절을 하자, 오르페우스는 또다시 하프를 연주하여 그의 마음을 움직였지. "좋다. 너의 아내를 돌려보내 주겠다. 하지만 한 가지 조건이 있다. 네가 지상의 흙을 밟기 전에는 절대로 뒤를 돌아봐서는 안 된다."

오르페우스는 에우리디케를 데리고 지하 세계를 빠져나가기 시작했어. 그가 앞장서고 에우리디케는 그의 뒤를 따랐지. 길은 무척 어둡고 험했어. 한참을 걸으니 멀리서 빛이 보이기 시작했지. 그런데 동굴 입구에 다다르자, 오르페우스는 순간 이상한 생각이 들었어.

언제부턴가 아내의 발자국 소리가 들리지 않는 것 같았어. '혹시 아내가 나를
따라오지 않는 것은 아닐까?' 그런 생각에 그만 뒤를 돌아보고 말았지.
"안 돼요. 뒤를 돌아보면 안…"
아내의 비명이 채 끝나기도 전에 어두운 그림자가 나타나
그녀를 다시 지하 세계로 끌고 갔어. 오르페우스는
지하 세계의 문을 붙잡고 통곡했지만,
그 문은 다시는 열리지 않았어.

실의에 빠진 오르페우스는 그 후 여자를 가까이하지
않았고, 그로 인해 트라케 여인들의 원한을 사서
결국 트라케 여인들이 쏜 화살에 맞아 죽고 말았어.
그가 연주하던 하프는 그때 강물에
빠져 떠내려갔지.

하프는 물결을 따라 흘러가며 슬프고도 아름다운 음악을
스스로 연주했어. 하늘에서 이 광경을 지켜보던
제우스는 그 하프를 강물에서 건져 올려 밤하늘의
찬란한 별자리로 만들어 주었단다.

삼촌 얘길 들으니까 별이 더 아름답게 보여요.

삼촌은 꼭 시인 같아요!

너희들도 별과 자연을 사랑하면 그렇게 느낄 수 있을 거야!

자, 오늘은 멀리서 오느라고 피곤했을 테니 내일 또 보기로 하자.

난 하나도 안 졸린데….

내일을 위해 거문고자리를 잘 봐 두고 자야지!

여기 있는 줄도 모르고 한참 찾았단다. 과일 먹고 있었구나?

네!

삼촌! 우리 또 별자리 찾아봐요!

모기향 좀 피우고….

그래, 어제는 거문고자리를 봤었지?

네!

네!

네-

그럼 오늘은 어떤 별자리를 찾아볼까?

삼촌! 저 별자리가 어제 찾았던 거문고자리 같아요.

피! 나도 금방 찾을 수 있는데….

나도!

그런 것 같구나! 야~ 우리 산이 정말 잘 찾는데!

거문고자리의 가장 밝은 별 베가 옆에 또 하나의 별이 붙어 있지? 그 옆으로 계속 선을 이어가 보렴.

베가

그럼 또 다른 밝은 별이 보이지?

아하! 찾았어요.

저도요.

그 별이 바로 백조자리의 *데네브란다.

데네브?

데네브는 백조자리를 대표하는 별로 실제로는 태양보다 20만 배나 밝은 별이지.

20만 배요?

*데네브(Deneb) 아라비아어로 '꼬리'라는 뜻, 그래서 사자자리 꼬리별도 이름이 데네볼라(Denebola)이다

그리고 이 별까지의 거리는 약 2천 600광년이나 되지.

데네브

베가

학자들은 이 별이 8천 년 후쯤이면 북극성의 역할을 할 거라고 기대하고 있대.

8천 년 후요?

아휴~ 까마득한 시간이네.

글쎄~ 우리에게는 까마득한 세월이겠지만 우주의 시간으로도 과연 그럴까?

그런데 광년이 뭐예요?

우주의 시간인가?

'광년'이란 별과 별 사이의 거리를 표시할 때 사용하는 단위란다. 1광년은 빛이 1년 동안 가는 거리를 말하지.

빛이 1년 동안에 가는 거리?

그래, 빛은 1초에 30만 km 즉 지구 둘레를 7바퀴 반을 돌지.

그렇게 1년 동안 가는 거리는 9조 4천600억 km란다. 정말 상상할 수 없는 숫자와 거리지.

그런데 백조자리 데네브까지의 거리가 약 2천600광년이니까 우리는 지금 정말 멀리 있는 별을 보고 있는 거란다.

별과 우주는 그 거리만으로도 신비롭게 느껴져요.

같은 별자리의 별들이라도

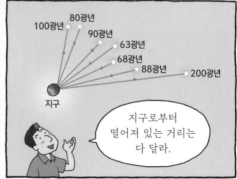

100광년
80광년
90광년
63광년
68광년
88광년
200광년

지구

지구로부터 떨어져 있는 거리는 다 달라.

데네브

자, 이제 백조자리를 찾아보자. 데네브 주위의 별들을 연결해 보렴.

꼭 십자가 같은데요?

십자 모양이 됐어요.

그래서 백조자리를 '북십자성'이라고도 부르지. 큰곰자리의 꼬리 부분을 '북두칠성'이라고 부르는 것처럼!

데네브를 꼬리, 십자가를 이루는 가로축을 날개, 데네브에서 뻗은 세로축을 몸통과 머리라고 보면…

정말 그러네!

백조가 날아가는 것 같아요.

베가(거문고자리)와 데네브(백조자리)를 찾았으니, 여름의 대삼각형 마지막 한 점을 찾아볼까?

독수리자리의 1등성 **알타이르**요!

그 별이 바로 **견우성**?

그렇지! 베가에서 은하수 건너 반대편을 보면 밝은 별이 하나 보이지? 그 별이 견우성이야!

베가(직녀성)

알타이르(견우성)

세 개의 별이 있어요.

양옆으로 두 개의 별이 더 보여요!

백조자리에서도 쉽게 찾을 수 있지. 백조자리에서 은하수를 따라 남쪽으로 내려가다 보면 백조자리와 닮은 별자리가 있지.

백조자리

독수리자리

그런데 독수리자리는 모양이 우산의 손잡이와 살 같기도 하고 독수리 같기도 해요.

백조자리 모양과 비슷하게 생겼어요.

알타이르

독수리자리의 가장 밝은 별 알타이르는 '나는 독수리'란 뜻이야. 백조자리와 생김새도 방향도 무척 닮았지?

네, 백조와 독수리 모두 하늘을 날아다니는 새잖아요.

주위에 은하수가 있는 것까지도요.

자! 이제 밤하늘에서 **여름의 대삼각형**을 만들어 볼까?

거문고자리의 직녀성 **베가**, 독수리자리의 견우성 **알타이르**, 백조자리의 **데네브**.

여름의 대삼각형 사이를 아름다운 은하수가 흐르고!

데네브

베가

여름의 대삼각형.

알타이르

삼촌! 별자리 얘기도 해 주세요.

그런데 어쩌지? 철이가 잠들었는데….

그럼 집에 가면서 얘기해 주세요.

어떤 얘기를 해 주실 거예요?

글쎄. 백조자리에 대해 얘기해 줄까?

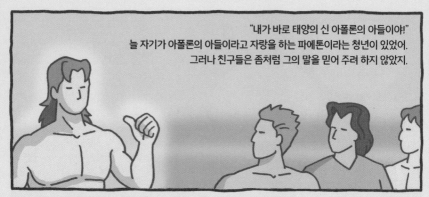

"내가 바로 태양의 신 아폴론의 아들이야!"
늘 자기가 아폴론의 아들이라고 자랑을 하는 파에톤이라는 청년이 있었어.
그러나 친구들은 좀처럼 그의 말을 믿어 주려 하지 않았지.

왜냐하면 파에톤이 아버지라고 말하는 아폴론은 한 번도 아들인 파에톤을
찾아온 적이 없기 때문이었어. 심지어는 제우스와 이오 사이에 태어난
아들인 에파포스에게 '거짓말쟁이'라고 모욕을 당하기도 했어.

그러자 화가 난 파에톤은 에파포스와 다른 친구들에게
자신이 아폴론의 아들이라는 것을 증명해 보이겠다고 했지.
"만약 내가 아버지가 몰고 다니는 태양 마차를 몰고 오면,
나를 아폴론의 아들로 믿어 주겠어?"

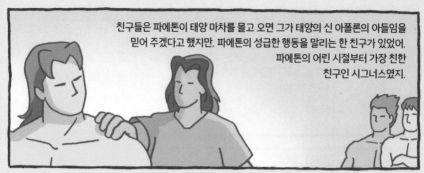

친구들은 파에톤이 태양 마차를 몰고 오면 그가 태양의 신 아폴론의 아들임을
믿어 주겠다고 했지만, 파에톤의 성급한 행동을 말리는 한 친구가 있었어.
파에톤의 어린 시절부터 가장 친한
친구인 시그너스였지.

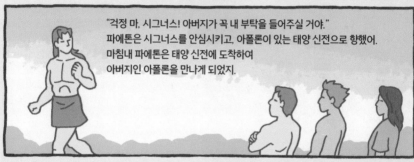

"걱정 마, 시그너스! 아버지가 꼭 내 부탁을 들어주실 거야."
파에톤은 시그너스를 안심시키고, 아폴론이 있는 태양 신전으로 향했어.
마침내 파에톤은 태양 신전에 도착하여
아버지인 아폴론을 만나게 되었지.

"내 아들 파에톤! 정말 많이 컸구나!"
아폴론은 파에톤을 반갑게 맞아 주며,
그에게 소원 하나를 들어주겠다고 했어.
파에톤은 기다렸다는 듯 아폴론에게 말했어.
"아버지 태양 마차를 몰아 보고 싶습니다."

"태양 마차? 그것은 너무나 위험한 일인데…."
아폴론은 태양 마차를 모는 일은 위험하니
다른 소원을 말해 보라고 했지만,
파에톤은 꼭 태양 마차를 몰아 보고 싶다고
고집을 부렸어.

105

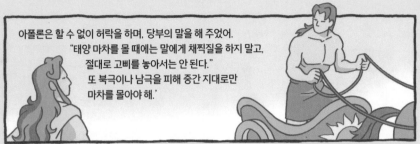

아폴론은 할 수 없이 허락을 하며, 당부의 말을 해 주었어.
"태양 마차를 몰 때에는 말에게 채찍질을 하지 말고,
절대로 고삐를 놓아서는 안 된다."
또 북극이나 남극을 피해 중간 지대로만
마차를 몰아야 해.'

파에톤은 태양 마차를 몰 기대에
부풀어 아폴론의 당부를 건성으로
듣고는 마차에 올라 힘껏 고삐를
당겼어. 그런데 마차를 모는 것이
아폴론이 아니라는 사실을 알아차린 말이
제멋대로 달리기 시작했고,
결국 파에톤은 쥐고 있던 고삐를
놓치고 말았어.

태양 마차가 지상에서 너무 높이 올라가면 땅이
얼어붙었고, 반대로 너무 낮게 날면 땅에 불이 났어.
세상은 온통 아수라장이 되고 말았지.

"이대로는 도저히 안 되겠다. 저 태양 마차와 파에톤을
그냥 두었다간 큰일이 벌어지고 말겠어."
이 모습을 지켜보던 제우스는 올림포스 신전에 올라가
번개를 일으켜 파에톤을 향해 힘껏 던졌어.
'번쩍! 쾅!'

번개는 날아가 파에톤을 맞혔고, 그는 온몸에
불이 붙은 채 에리다누스강에 떨어졌지.

이를 본 파에톤의 친구 시그너스는 친구를
찾으려고 강물에 뛰어들었어. 하지만 파에톤을
찾지 못하고 자신도 그만 물에 빠져
목숨을 잃고 말았지.

이 광경을 하늘에서 지켜보던 제우스는 시그너스의 우정에
감동하여 그를 밤하늘의 별자리로 만들어 주었는데,
그 별자리가 바로 백조자리야.

그러게 말이야!

어? 정말 불그스름해 보이는데!

저 별은 '전갈의 심장'이라는 별명을 가진 **안타레스**라는 별이야.

안타레스? 타지 않는 별이란 뜻인가?

전갈의 심장이요?

안타레스는 황도 12궁에 속하는 전갈자리의 1등성으로 안타레스란 이름은 **'화성에 못지않게 빨강다'** 라는 뜻이지.

안타레스

안타레스

그 별을 중심으로 별들이 5자나 S자 모양을 이루고 있는데 그 별자리가 바로 '전갈자리'란다.

네! 쉽게 찾았어요.

나도 찾았다!!

정말 딱 전갈 모양 이네요!

전갈자리는 남쪽 하늘 지평선 가까이 발견되는 별자리로, 주위에 밝은 별들이 없어서 쉽게 찾을 수 있지.

지금까지 본 별자리 중 가장 멋진 모양의 별자리예요.

형과 누나가 이렇게 좋아하는 걸 보니 우리 철이가 찾긴 잘 찾았는걸!

전갈인데도 정말 아름답게 느껴져요.

헤헤! 뭐 이 정도쯤이야.

예를 들어 전갈자리에 태어난 사람은 신중한 성격에 집중력이 있고, 말이 적으며 혼자 탐구하는 것을 좋아하고….

제가 바로 전갈자리인데 정말 꼭 맞는 것 같아요.

오빠 말이 너무 많아 문젠데 뭐가 맞다는 거야?

삼촌, 저는 처녀자리인데 어때요?

처녀자리? **처녀자리**는 순수한 마음을 지니고 있어서 예술 쪽에 재주가 많다고 해.

정말 맞는 것 같아요. 헤헤!

아빠! 저는요?

우리 철이는 3월 1일에 태어났으니까 **물고기자리**지. 희생정신도 강하고 친절을 베풀기 좋아하는….

이제 전갈자리 옆에 있는 다른 별자리들을 찾아볼까?

전 오른쪽을 볼게요!

그럼 난 왼쪽.

전갈 머리 앞에 집 모양의 별자리가 보여요. 그중 하나는 녹색이고요.

산이가 전갈자리 옆에 있는 **천칭자리**를 찾은 게로구나!

천칭자리

천칭자리요?

천칭이 뭔데요?

천칭은 한편에는 물건을, 다른 편에는 추를 얹어 양쪽의 균형을 맞추며 물건의 무게를 다는 저울이란다.

아하! 양팔저울 같은 거군요? 그런데 저울처럼 안 보이는데요?

어떻게 보면 전갈의 집게처럼 보이지?

네!

원래는 전갈자리에 속해 있던 별자리였는데, 천칭자리로 독립을 했지.

눈에 띄는 별자리는 아니지만 황도 위에 있어서 옛날부터 제법 잘 알려졌단다.

옛날에는 **추분점**이 있던 자리였대. 태양이 천칭자리에 오면 낮과 밤의 길이가 같아졌다는 뜻이지.

저기 초록색 별은 천칭자리에서 두 번째로 밝은 별인데, 실제로는 청백색 별이란다.

117

아주 오랜 옛날 황금 시대에는 신들도 지상에 내려와
인간들과 함께 살았어.

그런데 황금 시대가 끝나고, 은의 시대에 이어
청동의 시대가 오자 인간들은 무기를
만들어서 서로 싸우기 시작했어.
그런 인간들의 추악함을 보고 신들은
하나둘 하늘로 올라가고, 아스트라이아
여신만이 인간들을 저버리지 않고
지상에 남아 있었지.

철의 시대가 되자 인간들의
싸움은 더욱 커졌고, 결국 나라와
나라끼리 전쟁을 벌이기도 했어.

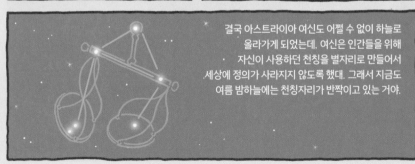

결국 아스트라이아 여신도 어쩔 수 없이 하늘로
올라가게 되었는데, 여신은 인간들을 위해
자신이 사용하던 천칭을 별자리로 만들어서
세상에 정의가 사라지지 않도록 했대. 그래서 지금도
여름 밤하늘에는 천칭자리가 반짝이고 있는 거야.

그럼 제가 찾은 별자리는 뭐예요?

전갈자리 왼쪽에 국자처럼 보이는 별자리 말이지?

정말, 북두칠성처럼 국자 모양이에요!

아래 별들까지 연결하니까 주전자 모양이 되는데요?

저 별자리의 이름은 **궁수자리**란다. 동양에서는 국자 모양의 여섯 개의 별을 '**남두육성**'이라고 불렀지.

국자 모양의 일곱 개의 별을 '북두칠성'이라고 부른 것처럼.

궁수자리

예로부터 우리 조상들은 북두칠성은 죽음을, 남두육성은 탄생을 주관하는 별로 생각했단다.

남두육성?

그럼 궁수자리란 이름은요?

궁수자리는 허리 위는 사람이고, 그 아래는 말의 형태를 한 켄타우로스족 '케이론'을 기리는 별자리란다.

원래 켄타우로스족은 거칠고 난폭하지만 케이론은 성품이 온화하고 학식이 높아 존경을 받았지.

신과 영웅들의 스승이기도 했던 그의 위대함을 높이 사 제우스가 별자리로 만들었다고 해.

그 밖의 여름 별자리는 또 뭐가 있어요?

우리가 찾은 거문고자리, 독수리자리, 백조자리, 전갈자리, 천칭자리, 궁수자리 외에도

헤라클레스자리, 뱀주인자리, 북쪽왕관자리, 도마뱀자리, 기린자리, 사냥개자리, 머리털자리, 큰곰자리와 작은곰자리, 처녀자리, 사자자리….

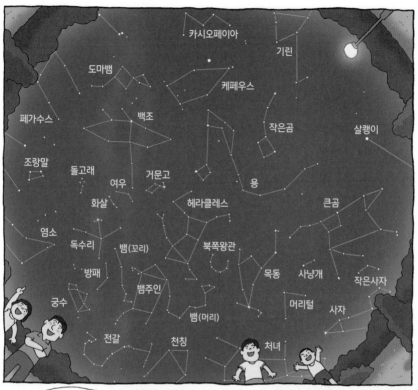

카시오페이아
기린
도마뱀
케페우스
페가수스
백조
작은곰
살쾡이
조랑말
돌고래
여우
거문고
용
화살
헤라클레스
큰곰
염소
독수리
뱀(꼬리)
북쪽왕관
방패
뱀주인
목동
사냥개
작은사자
궁수
머리털
사자
뱀(머리)
전갈
천칭
처녀

삼촌!
그런데 전갈자리
이야기만 빠졌어요.
전갈자리에 얽힌
이야기는 없나요?

물론
전갈자리에도
흥미진진한
이야기가 숨어
있단다.

오리온은 바다의 신 포세이돈의 아들로 사냥하는 것이 취미였고, 포세이돈의 아들답게 바다 위를 걸어 다니는 신비한 능력도 있었어.

달의 여신인 아르테미스와 가장 친해서 그녀와 함께 사냥을 하며 사랑을 키웠지. 그러던 어느 날 오리온은 아르테미스에게 자기의 힘과 용기를 뽐내며 이렇게 말했어. "이 세상에서 나보다 강한 사람은 없을 거야!"

그런데 오리온의 이 말을 올림포스 최고의 여신인 헤라가 듣게 되었고, 헤라는 건방진 오리온을 혼내 줘야겠다고 생각했어. '괘씸한 놈! 건방진 네 놈의 코를 납작하게 해 주겠다.'

헤라는 곧장 사막에 살고 있는 전갈을 불러서 이런 명령을 내렸어.
"잘난 체하는 오리온을 혼내 줘야겠다. 오리온을
찾아서 너의 독침으로 발목을 찔러라."

헤라의 명령을 들은 전갈은
오리온이 자주 다니는 길목에 숨어 있다가
친구들과 사냥을 나온 오리온이 그곳을 지나가자
독침으로 그의 발꿈치를 찔렀지. 그런데….

전갈의 독침에 찔려
쓰러진 것은 오리온이 아니라 오리온과 함께
있던 친구였어. 오리온을 죽이는 데 실패한
전갈은 허겁지겁 그 자리를 도망쳤지.

그 일을 알게 된 헤라는 화가 났지만 당장은 어쩔 수가 없었어.
한편 아폴론은 영원히 결혼을 하지 않겠다던 여동생 아르테미스가
오리온과 사랑에 빠진 것이 몹시 못마땅했어.

그래서 둘을 떼어 놓겠다고 마음먹고 한 가지 꾀를 내었지.
"아르테미스 너의 활 솜씨가 어느 정도인지 알고 싶구나!
저기 바다에 떠 있는 물체를 맞힐 수 있겠니?"
"물론이지!"

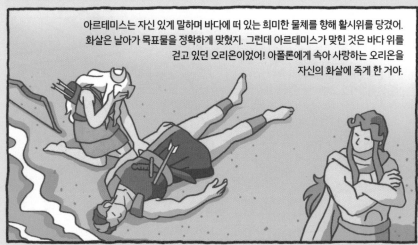

아르테미스는 자신 있게 말하며 바다에 떠 있는 희미한 물체를 향해 활시위를 당겼어.
화살은 날아가 목표물을 정확하게 맞혔지. 그런데 아르테미스가 맞힌 것은 바다 위를
걷고 있던 오리온이었어! 아폴론에게 속아 사랑하는 오리온을
자신의 화살에 죽게 한 거야.

오리온의 죽음을 슬퍼하던 아르테미스는
그를 하늘로 올려 밤하늘의 별자리로 만들었어.
그런데 오리온을 죽이려 했던 그 전갈은
어떻게 되었을까?

오리온을 혼내 주지 못해
화가 가시지 않은 헤라가 그 전갈을 별자리로
만들어서 오리온을 뒤쫓게 만들었지.

그래서 전갈자리가 떠오를 때쯤이면,
오리온자리는 도망치듯이 서쪽으로 지고,
전갈자리가 지려고 하면 그제서야
동쪽 하늘에서 떠오른단다.

은하수도 있고, 별도 많고….

여름 밤하늘은 정말로 재미있는 별자리들이 많은 것 같아요.

여름에는 시원한 밤바람을 맞으며 별들을 맘껏 구경할 수 있지. 장마철만 피하면 말이야.

맞아요. 장마철엔 비 뿐 아니라 날씨도 흐려서 별을 잘 볼 수 없더라고요.

오늘은 날씨가 맑아서 별이 정말 잘 보여요!

햇볕은 쨍쨍♪ 모래알은 반짝♬

삼촌! 그런데 아까 말씀하신 헤라클레스자리는 어디 있어요?

맞아! 별 할아버지가 여름에도 헤라클레스자리를 볼 수 있다고 하셨어요.

별 할아버지?

네, 사자자리 이야기를 해 주시면서 헤라클레스 이야기도 해 주셨거든요.

그랬구나! 우리 조카들에게 별 공부도 시켜 주시고 참 고마운 분이구나.

네!

사람 모양처럼 생긴 별자리를 찾으면 돼요?

어디 한번 찾아보렴.

사람 모양?

알파벳
에이치?

알파벳 에이치의
대문자 말이야.
그 글자를 찾으면
쉽게 찾을 수 있지.

삼촌!
저기 찾았어요,
알파벳 H!

직녀성이
있는 거문고자리와
반지처럼 생긴
별자리 사이에
있어요.

그런데
H가 좀 찌그러
졌는데요?

이번에는 우리 샘이가 참 잘 찾았구나.

체, 나도 영어만 알면 찾을 수 있는데….

네가 반지라고 말한 별자리는 반지가 아니라 왕관이란다. **북쪽왕관자리** 라고 하지.

그러고 보니 정말 왕관 같아요!

H자를 사람의 몸통이라고 생각하고 주변의 별들을 연결해 보렴. 사람이 거꾸로 서 있는 것 같지?

그 별자리가 바로 **헤라클레스자리**란다. 로마 표기로 **헤르쿨레스**라고 하지. 비록 1, 2등성 같은 밝은 별은 없지만 사람 모습과 가장 닮은 별자리야.

네, 정말 사람이 거꾸로 매달린 모습 같아요.

정말 그러네!

그런데 형아! 헤라클레스가 누구야?

헤라클레스는 그리스 신화에 나오는 영웅이야.

영웅?

그래, 용감하고 힘이 무척 센 사람을 영웅이라고 해.

아하! 천하장사!!

맞아. 헤라클레스는 천하장사 같은 사람이야.

헤라클레스가 얼마나 용감한데?

글쎄?

아빠! 헤라클레스는 진짜 용감했어요?

헤라클레스가 어떻게 별자리가 되었는지 이야기해 주세요, 네?

삼촌! 저도 궁금해요. 얼른 얘기해 주세요.

빨리요~

아기가 잠들어 있는 요람에 뱀 두 마리가 나타났어. 누군가 아기를
해치려고 아기가 있는 방 안에 독사를 풀어놓은 거야.
그런데 아기가 독사들의 목을 졸라 죽였어.
그 아기의 이름은 헤라클레스!

헤라클레스는 제우스와
알크메네라는 여인 사이에서
태어난 아들인데, 질투심 많은
제우스의 아내 헤라가 헤라클레스를
해치려 했던 거지. 하지만 그는
훌륭한 젊은이로 성장했어.

테베의 공주와 결혼하여 아이도 낳고 행복하게
살고 있던 헤라클레스에게 불행이 찾아왔어.
헤라의 저주가 담긴 꽃가루를 마시고 그만
자기 손으로 아내와 아들을 죽이고 만 거야.

헤라클레스는 델포이 신전에 찾아가 자신의
죄를 빌었고, 하늘의 신들은 헤라클레스가
미케네의 왕인 에우리스테우스의 노예가 되어
그의 과업을 무사히 수행하면 죄를 용서해
주겠다고 했어.

135

헤라클레스는 결국 힘과 용맹함으로
12가지의 과업을 완수하여 자유를 얻었어.
하늘의 신들도 그를 용서해 주었지.
그 후 헤라클레스는 데이아네이라라는
아름다운 여인과 결혼해 행복하게 살았어.
그러나 그 행복도 3년을 넘지 못했지.

어느 날 헤라클레스가 아내 데이아네이라와 함께 강을 건너는데,
그녀를 먼저 배에 태워야 했어.
그 배의 뱃사공인 반은 사람이고 반은 말인 켄타우로스족
네소스가 한 사람만 배에 탈 수 있다고 했거든.

배가 강의 중간쯤을 지날 때 갑자기 네소스는 데이아네이라를
납치하려고 했고, 헤라클레스는 그런 네소스에게 독이 묻은
화살을 쏘아 명중시켰지.

죽어 가던 네소스는 데이아네이라에게 자신의 피를 묻힌 옷을 주면서 이렇게 말했어. "남편의 사랑이 의심스러울 때면 이 옷을 입히세요. 남편은 다시 당신을 사랑하게 될 겁니다."

그리고 얼마 후 데이아네이라는 헤라클레스가 적국의 왕녀 이올레와 사랑에 빠졌다고 의심을 하고 네소스가 준 옷을 헤라클레스에게 입혔어. 그러자 헤라클레스는 피를 토하며 괴로워했지.

자신의 의심과 잘못을 자책하며 데이아네이라는 스스로 목숨을 끊었고, 자신의 슬픈 운명을 예감한 헤라클레스도 오이테산에 올라가 나무를 모아 불을 붙이고 그 불길 속으로 몸을 던졌어.

불꽃은 곧 핏빛으로 물들었고, 아들의 최후를 슬픔과 안타까움 속에 지켜보던 제우스는 흰 구름 전차를 타고 내려와 불길 속에서 까맣게 탄 아들을 꺼내 하늘의 별자리로 만들었어.

아빠!
헤라클레스가
너무 불쌍해요.

많은 어려운
관문을 통과해
겨우 행복을
찾았는데…

그런데 왜
거꾸로 서 있게
되었을까요?

고대 그리스
사람들은 하늘이 무너지지
않는 이유가 거인 신 '아틀
라스'가 하늘을 떠받치고
있어서라고 생각했대.
헤라클레스가 별자리가
되고 나서

하늘의 무게를 못 버틴
아틀라스가 비틀거렸고,
이때 거꾸로 매달리게 된
헤라클레스가 지금까지도
그 모습으로 있게
되었다는구나!

*은하수 은하수의 옛말 '미리내'는 미르(용)와 내(시냇물)가 합쳐진 말로 용이 사는 시내란 뜻이다

서양에서는 '밀키웨이(Milky Way)'라고 하는데, 헤라의 젖이 흘러 생긴 강이란 뜻이지.

그럼 은하수의 정체는 뭐예요? 정말 강물처럼 흘러가는 건가요?

은하수는 수많은 별들이 모여 만들어진 거야.

이렇게 무수히 **많은 별이 모인 곳을** '**은하**'라고 하지. 우리 태양계가 속한 은하는 **우리 은하**이고,

태양계 밖에 있는 것을 **외부 은하**라고 한단다.

지구와 태양도 은하계에 속한 별들의 아주 작은 일부인 거야. 그러므로,

'지구는 물론 태양은 우주의 중심이 아니다' 라는 말씀!

하하하~ 산이는 정말 별 박사구나!

그럼, 은하수 말고 외부 은하도 볼 수 있어요?

물론! 우리와 가까운 이웃 은하들은 볼 수 있지. 마젤란과 안드로메다 은하 같은.

오잉? 안드로메다?

막대 모양처럼 생긴 **마젤란 은하**는 지구의 남반구에서만 볼 수 있고, **안드로메다 은하**는 우리가 있는 북반구에서 볼 수 있지.

카시오페이아 뒤쪽을 봐. 흐릿한 나선 모양의 구름 같은 것이 보이지?

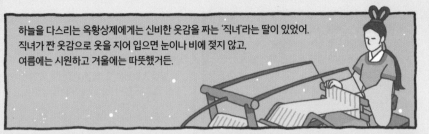

하늘을 다스리는 옥황상제에게는 신비한 옷감을 짜는 '직녀'라는 딸이 있었어.
직녀가 짠 옷감으로 옷을 지어 입으면 눈이나 비에 젖지 않고,
여름에는 시원하고 겨울에는 따뜻했거든.

어느 날 직녀는 은하수를 구경하다가
동족에서 소를 몰고 가는 견우라는 목동을 보고는
한눈에 반했어. 직녀는 그와 결혼하게 해 달라고
옥황상제께 졸랐어. 옥황상제도 견우의 성실함을
알고 있던 터라 결혼을 허락했지.

견우가 소를 돌보지 않자 소들은 병들었고,
직녀가 옷감을 짜지 않자 신선과 선녀들은 낡은
옷만 입어야 했어. 결국 옥황상제가 이들을 불러
야단을 쳤지. 그런데도 견우와 직녀는 여전히
사랑에만 빠져 해야 할 일은 뒷전이었어.

하늘의 모든 신선과 선녀들이
견우와 직녀의 결혼을 축하해 주었고,
그들은 서로를 사랑하며 행복한 나날을
보냈어. 그런데 그들은 너무나
사랑에만 빠져 각자의 일을
게을리하고 말았어.

너무나 화가 난 옥황상제는 둘을 영원히
갈라놓고 말았지. 견우는 동쪽으로 쫓겨났고,
직녀는 서쪽에 혼자 남아 옷감을 짜야 했어.
둘은 자신들의 잘못을 뉘우치고 서로를
그리워하며 눈물로 세월을 보내야만 했지.

둘의 애틋한 사랑을 가엾게 여긴
옥황상제는 견우와 직녀에게 1년에 하루만
만나는 것을 허락했어. 만나는 날은 일곱째
달, 일곱째 날이었지. 둘은 1년 내내 열심히
일을 했고, 드디어 음력 7월 7일이 되었어.

그러나 둘 사이에 가로 놓인 은하수 때문에
만날 수 없었어. 그때 견우와 직녀의 사정을
들은 까마귀와 까치가 하늘에 올라가 서로의
몸을 잇대어 다리를 만들어 주었어.
그래서 견우와 직녀는 이날 만날 수 있었지.

사람들은 까마귀와 까치가 은하수에 만들어 준 다리를
'까마귀와 까치가 놓은 다리'란 뜻으로 '오작교'라고 했어.
음력 7월 7일 저녁에 비가 내리면 견우와 직녀가 만나
기뻐서 흘리는 눈물이고, 이튿날 새벽에 비가 오면
헤어지게 돼 슬퍼서 흘리는 눈물이라고 생각했지.

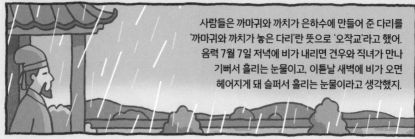

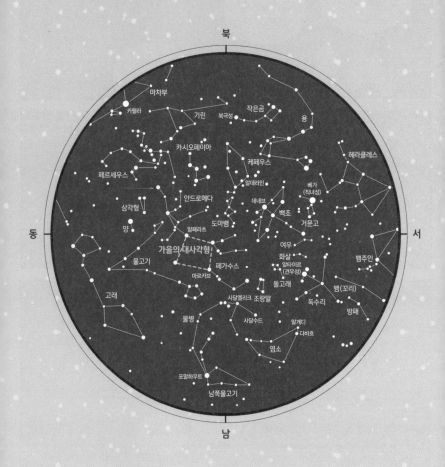

가을 별자리 여행

낮에 왔었는데 할아버지가 안 계셔서요.

저런, 너희들에게 무척 미안하게 됐구나. 이렇게 저녁에 다시 오게 하다니.

저희는 괜찮아요. 그리고 밖은 보름달 때문에 그렇게 어둡지도 않던걸요?

달이 우리를 계속 따라와 줬어요.

그럼, 이따가 할아버지가 데려다 줄 테니 좀 놀다 가려무나.

정말요?

그럼!

할아버지! 그럼 우리 옥상에 가서 별 구경해요.

그런데 할아버지,
가을 밤하늘의 별들은
왠지 좀 쓸쓸해 보여요.
여름 별자리처럼 화려하게
빛나지도 않고요.

빛바랜 작은
잎들이 하늘에서
나뒹구는 것
같아요.

허허~
할아버지도 생각지 못한
표현이구나! 빛바랜
잎처럼 하늘을 나뒹구는
별들이라….

산이와 샘이가
여름 방학 동안
삼촌댁에 다녀오더니
여름 별자리에 푹
빠진 모양이구나!

그렇지 바로 W자 모양이 카시오페이아자리란다. 북두칠성과 함께 북극성을 쉽게 찾도록 도와주는 별이지.

북두칠성

작은곰자리

북극성

카시오페이아자리

생각나요. 봄에 여기서 찾았었으니까, 이번에는 쉽게 찾을 수 있을 거예요.

그때, 내가 찾아서 너한테 보여 줬잖아.

그랬나? 그럼 이번엔 내가 먼저 찾아야지.

그렇게는 안 될걸?

와~ 저기 찾았다!

정말, 벌써?

북두칠성!

어쩐지….

벌써 반은 찾은 건데, 뭘!

벌써 반이라고?

찾았다! 저기 W자 모양이 옆으로 세워져 있어요.

잘 찾았다. 샘이가 별자리 찾는 연습을 많이 한 모양인데?

카시오페이아 자리쯤은 기본이지요.

할아버지, 카시오페이아 자리에도 이야기가 있나요?

그렇단다.

그런데 왜 봄에 얘기해 주지 않으셨어요?

가을에 이야기해 주려고 아껴 두었지.

할아버지, 어서 얘기해 주세요.

그럴까?

에티오피아 왕국에 케페우스라는 왕과 카시오페이아라는
아름다운 왕비가 있었어. 그런데 왕비는 자기의 아름다움을
사람들에게 자랑하기를 좋아했단다.
"세상에서 내가 제일 아름다울 거야. 바다의 요정들도
나의 아름다움을 따라오진 못할걸."

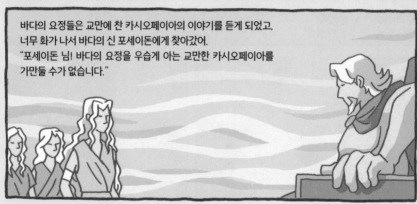

바다의 요정들은 교만에 찬 카시오페이아의 이야기를 듣게 되었고,
너무 화가 나서 바다의 신 포세이돈에게 찾아갔어.
"포세이돈 님! 바다의 요정을 우습게 아는 교만한 카시오페이아를
가만둘 수가 없습니다."

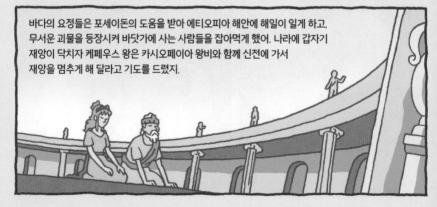

바다의 요정들은 포세이돈의 도움을 받아 에티오피아 해안에 해일이 일게 하고,
무서운 괴물을 등장시켜 바닷가에 사는 사람들을 잡아먹게 했어. 나라에 갑자기
재앙이 닥치자 케페우스 왕은 카시오페이아 왕비와 함께 신전에 가서
재앙을 멈추게 해 달라고 기도를 드렸지.

그때 신전에 나타난 한 예언자가 이 모든 일은 왕비가 바다의 요정들을 우습게 여겨 노여움을 샀기 때문이며, 바다의 요정들의 노여움을 풀려면 바다 괴물에게 아름다운 처녀를 제물로 바쳐야 한다고 말했어.

케페우스와 카시오페이아 사이에는 안드로메다라는 마음씨 곱고 아름다운 딸이 하나 있었는데, 이 사실을 안 그녀는 백성들을 위해 자신이 제물이 되겠다고 했지. 아버지인 케페우스도 백성들을 살리기 위해 할 수 없이 딸을 제물로 바치기로 했어.

안드로메다 공주는 드디어 바다 괴물의 제물이 되기 위해 바닷가 바위에 쇠사슬로 묶인 채 서 있었고, 멀리 바다 저편에서 무시무시한 괴물이 나타나 바위에 묶인 안드로메다 공주를 향해 다가왔어.

그때 마침 날개 달린 신발을 신고 하늘을 날아가던 페르세우스가 이 광경을
보게 되었어. 페르세우스는 제우스의 아들로, 메두사를 물리치고
세리포스섬으로 가던 중이었거든.

바로 그때, 바다 괴물이 큰 물보라를 일으키며
안드로메다 공주 바로 앞까지 왔어. 페르세우스는
공주를 잡아먹으려고 입을 벌리는 바다 괴물을 향해
무언가를 꺼내 들이댔어.

머리카락 가닥가닥이 뱀인
메두사의 머리였지.
메두사는 그 눈을 쳐다보면
무엇이든 그 자리에서
돌로 변하는 무시무시한
괴물이란다.

페르세우스는 메두사를 처치하고,
그 머리를 잘라 왔던 거야.
메두사의 눈을 쳐다본 바다 괴물은
그 자리에서 커다란 바위가 되어
바다 밑으로 가라앉고 말았지.
바다 괴물을 물리친 페르세우스가 메두사의
머리를 다시 자루에 넣으려는 순간,
메두사의 머리에서 핏방울이
바다로 떨어졌어.

그러자 하얀 물거품이 일기 시작하더니 바닷속에서
눈처럼 하얀 말 한 마리가 날개를 퍼덕이며
하늘로 날아오르는 거야.
그 날개 달린 하얀 말이 페가수스란다.

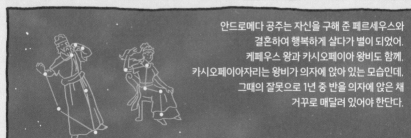

안드로메다 공주는 자신을 구해 준 페르세우스와
결혼하여 행복하게 살다가 별이 되었어.
케페우스 왕과 카시오페이아 왕비도 함께.
카시오페이아자리는 왕비가 의자에 앉아 있는 모습인데,
그때의 잘못으로 1년 중 반을 의자에 앉은 채
거꾸로 매달려 있어야 한단다.

카시오페이아 별자리 얘기를 들으면서 안드로메다 별자리 얘기까지 들었네.

페르세우스 이야기도 들었잖아!

아, 맞다. 영웅 이야기가 있었지!

위기에 처한 공주 이야기에는 언제나 영웅이 등장하잖아.

그럼, 이제 다른 인물들의 별자리를 찾아볼까?

안드로메다 공주의 별자리요!

안드로메다를 구해 준 페르세우스요!

참! 날개 달린 말, 페가수스자리도 빼놓을 수 없죠.

자, 그럼 우선 카시오페이아자리 주변에 반듯하게 생긴 사각형 모양의 별을 찾아보렴.

찾았어요!
저기 약간 오른편
위쪽이요.

찾았어?

어디,
어디?

샘이가
정말 잘 찾는구나.
그 사각형이 바로
**페가수스의
몸통**이란다.

페가수스요?
'하늘을 나는 말'
말이죠?

그래, 이 사각형은
가을 별자리를 찾을 때
중요한 역할을 해서
가을의 대사각형
이라고도 한단다.

사각형의
위아래에 있는
별들을
사각형에 이어
연결해 보렴.

정말
말 모양
같아요.

목마 같기도
하고요.

페가수스자리

가을의 대사각형

6배

카시오페이아자리

페가수스를
쉽게 찾으려면
카시오페이아자리를
먼저 찾은 다음,
카시오페이아의

*알파성,
*감마성을 이어서
6배만큼 연장하면
가을의 대사각형과
만나게 되지.

정말
정확해요!

이렇게
카시오페이아와
가을의 대사각형을
찾고 나면 다른 별자리를
아주 쉽게 찾을
수 있어.

가을
별자리를 찾는
쉬운 방법
이네요.

사각형을 만드는
네 개의 별들 중
가장 밝게 빛나는
별이 보이니?

페가수스의
알파성
인가요?

*알파(α)성 별자리에서 가장 밝게 보이는 별   *감마(γ)성 별자리에서 세 번째로 밝은 별

그래, **마르카브**란 별이지. 사각형에서 그 별과 대각선 방향으로 마주보는 밝은 별이 보이지?

그 별이 바로 안드로메다자리 알파성인 **알페라츠**란다.

마르카브

알페라츠

안드로메다의 알파성이 페가수스 몸통에 있는 별 중 하나였어요?

그렇단다. 사각형을 그리는 네 개의 별 가운데 알페라츠는 안드로메다자리의 알파성이지.

알페라츠

옛날에는 두 별자리가 함께 있었지만, 지금은 떨어져 있어.

가을에는 그렇게 뚜렷한 별들이 없어서 이 사각형 별자리는 눈에 잘 띈단다.

저기, 사각형 아래 세 개의 별이 나란히 있어요!

이 별자리에는 2등성 별이 세 개나 있지만, 별자리 크기에 비해 별은 그리 많지 않단다. 그래도 아주 유명한 별자리지.

예쁜 공주의 별자리라서 그런가?

으이그~ 또 공주! 아무래도 공주병인가 봐 ….

그 이유는 안드로메다자리에 있는 아름다운 은하 때문이지.

은하가 있어요?

은하?

안드로메다자리 허리 부분에 **안드로메다 은하**가 있지.

한번 자세히 보렴. 오늘같이 맑은 날에는 우리 눈으로도 직접 볼 수 있단다.

169

안드로메다 은하는 우리 태양계가 속해 있는 은하와 가장 비슷하고도 가까이 있는 은하인데,

안드로메다 은하

안드로메다자리

원반 모양의 은하로 지름이 약 20만 광년이나 되고 지구에서 약 250만 광년 떨어져 있지.

안드로메다는 정말 대단한 별자리 같아요.

이름처럼 아름다운 별자리예요.

이번엔 **케페우스자리**를 찾아볼까?

카시오페이아나 안드로메다자리 옆에 있을 것 같아요~

음~ 제 생각엔 카시오페이아자리와 더 가까울 것 같아요.

산이랑 샘이가 이제는 눈치로도 별자리를 잘 찾는구나.

케페우스자리를 찾는 가장 쉬운 방법은 카시오페이아자리에서 찾아가는 거란다. 다시 카시오페이아자리를 찾아보렴.

네~

찾았어요!

카시오페이아의 알파성과 *베타성을 지나는 선을 그은 다음, 그 선의 3배 정도 되는 길이를 더 그어 보렴.

케페우스의 알파성을 찾은 것 같아요.

저도요!

*베타(β)성 별자리에서 두 번째로 밝은 별

171

제가 찾은 별이 케페우스의 알파성 **알데라민**일 거예요.

아니야, 내가 찾은 별이 알데라민이야.

알파성 주위의 별들을 연결하면 어떤 모양이 되는지 말해 보렴.

오각형 같기도 하고, 몽당연필 같기도 해요.

제가 찾은 별은 전갈이랑 사람을 닮았어요.

그렇다면 산이가 찾은 별이 알데라민 같구나.

에헴~

흥, 칫!

샘이가 찾은 별도 중요한 가을 별자리의 알파성이란다. 바로 안드로메다 공주를 구해 준 페르세우스의 알파성이거든.

어쩐지…. 그래서 내 눈에 쏙 들어왔구나!

하하하!

뭐라고?

케페우스자리

안드로메다자리

카시오페이아자리

페르세우스자리

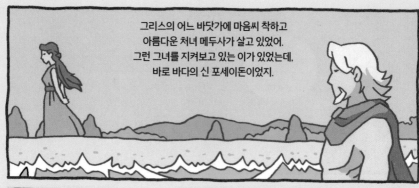

그리스의 어느 바닷가에 마음씨 착하고
아름다운 처녀 메두사가 살고 있었어.
그런 그녀를 지켜보고 있는 이가 있었는데,
바로 바다의 신 포세이돈이었지.

메두사와 포세이돈은 사랑에 빠졌고, 둘은 바닷가를 거닐며
행복한 시간을 보내곤 했어. 그런데 이 둘의 모습을 아니꼽게
바라보는 질투의 눈길이 있었어. 바로 아테나였지.
아테나는 포세이돈을 짝사랑하고 있었거든.

그러던 어느 날, 메두사가 혼자 바닷가를 거닐고 있을 때 아테나는
그녀에게 다가가 질투에 불타는 마음으로 저주를 퍼부었어.
"메두사, 너는 인간인 주제에 감히 신과 사랑에 빠졌다.
그래서 내가 너에게 큰 벌을 내리겠다. 지금부터 너는 세상에서
가장 흉측한 모습이 될 것이다."

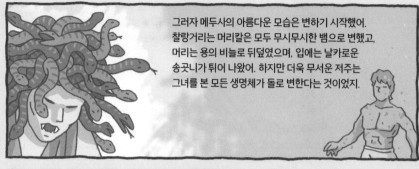

그러자 메두사의 아름다운 모습은 변하기 시작했어.
찰랑거리는 머리칼은 모두 무시무시한 뱀으로 변했고,
머리는 용의 비늘로 뒤덮였으며, 입에는 날카로운
송곳니가 튀어 나왔어. 하지만 더욱 무서운 저주는
그녀를 본 모든 생명체가 돌로 변한다는 것이었지.

얼마 후, 메두사를 만나러 바닷가에 온
포세이돈은 흉측하게 변한 메두사의 모습을 보게 되었어.
하지만 바다의 신인 포세이돈도 어쩔 수가 없었지.
신이 내린 저주는 같은 신이라도 풀 수가 없었거든.

괴물로 변한 메두사는 사람들 앞에 나설 수가 없었어.
모습처럼 성격도 난폭해져 사람들을 괴롭히기 시작했지.
메두사가 사는 동굴 주변에는
온통 돌로 변한 사람과 동물들뿐이었어.

오랜 세월이 흐른 어느 날, 사람을 괴롭히는 메두사를 처치하기 위해, 한 용감한 청년이 메두사가 사는 동굴 주변으로 찾아왔어.

그 청년은 신들의 왕인 제우스의 아들 페르세우스였어. 페르세우스가 메두사를 물리칠 수 있도록 아테나는 방패를, 헤르메스는 날개 달린 신발을 그에게 선물했지.

메두사의 머리에 달린 뱀들이 공격을 했지만, 페르세우스는 거울로 된 방패로 메두사의 얼굴을 직접 보지 않고 공격을 막아 냈어. 그러다가 메두사의 공격이 빗나간 순간 페르세우스는 칼을 휘둘러 메두사의 목을 잘랐지.

페르세우스는 의기양양하게 자신이 자른 메두사의 머리를
자루에 담아 돌아갔어. 돌아가는 길에 바다 괴물에게서
안드로메다도 구해 주었지. 이때 바다의 신 포세이돈은
메두사의 머리에서 핏방울이 바다로 떨어지자
새하얀 거품을 일으켜,

그 속에서 아름다운 날개를 단
하얀 말을 만들어 냈어. 포세이돈이
사랑하는 메두사에게 새로운
생명을 주어 날개 달린 하얀 말로
다시 태어나게 한 거야.
그 말의 이름은 '페가수스!'

페가수스의 모습이 얼마나 아름답고
눈부신지, 신들의 사랑을 받으며
올림포스산에서 신들과 함께 살았고,
나중에 제우스는 페가수스를
밤하늘의 별자리로 만들어 주었어.

아빠, 오늘 마을 회관에서 민속놀이 하나요?

그렇다는 구나.

오빠 어떤 놀이가 제일 재밌어?

피~ 남자들 힘자랑만 하는 씨름이 뭐가 재밌어?

물론 씨름이지.

그럼 우리 샘이는 뭐가 재밌는데?

저는 강강술래요!

그냥 손잡고 돌기만 하는 게 뭐가 재밌다고.

씨름과 강강술래 모두 오래전부터 우리 조상들이 즐기던 민속놀이란다.

아빠, 우리 이제 놀러 가도 되죠?

성묘도 다 마쳤잖아요.

그래, 그러렴.

샘이야! 저기 별 할아버지 계신다.

정말! 오빠, 우리 별 할아버지께 가 보자.

할아버지, 나오셨어요?

산이랑 샘이도 구경 왔구나!

어제는 집에 잘 들어갔지?

네!

할아버지도 민속놀이 구경 오셨어요?

그래, 그리고 저녁에 보름달도 구경할 겸.

아직 완전히 어두워지지도 않았는데….

달이 제일 먼저 환하게 떴어요.

우리, 저기 나무 아래 평상에 앉아 달구경이나 해 볼까?

옛날 아주 먼 옛날, 하늘 나라에 임금님과 백성들이
아무 걱정 없이 평화롭게 살고 있었단다.

그러던 어느 날, 한 신하가 허둥대며
임금님이 계신 궁전에 찾아와서는
기어들어 가는 목소리로 말했어.

"임금님, 큰일났습니다. 지난밤 누군가가
불사약 만드는 곳에 침입해 불사약을 훔쳐 갔습니다."
불사약은 하늘 나라에만 있는 신비스러운 약인데
그 약을 도둑맞고 만 거야.

불사약은 하늘 나라에서도 아주 귀한 약으로 신비한 효능을 지니고 있었어. 이 약을 먹으면 늙지 않고 영원히 살 수 있는, 그야말로 기적의 약이었지.

임금님은 신하들에게 크게 호통치며 불사약을 훔친 자를 반드시 잡아들이라고 명령했어. 그러나 불사약을 훔친 범인을 잡을 수 없었단다.

왜냐하면 불사약은 임금님과 약을 관리하는 신하 둘 말고는 아무도 있는 장소를 알지 못했거든. 그렇다면 도대체 누가 불사약을 훔쳐 간 것일까?

하늘 나라 임금님은 곧 큰 고민에 빠지게 됐어.
불사약을 계속해서 만들자니 또 누군가
훔쳐 갈 것 같고, 그렇다고 신비한 효능이 있는
불사약을 안 만들 수도 없고.
'어떻게 하면 불사약을 도둑맞지 않고
안전하게 지킬 수 있을까?'

궁리에 궁리를 거듭하던 임금님에게
드디어 좋은 생각이 떠올랐어.
'맞아! 아무도 갈 수 없는 곳에서 불사약을 만들자.
그런데 그런 곳이 어디일까….'

임금님의 고민은 계속되었지.
'그래! 모두가 잠든 밤에 달에서 불사약을 만들면 되겠군.
그런데 누구를 달에 보내 약을 만들게 하지?'

순간 임금님의 머리에 늘 부지런하게 깡총거리며 뛰어다니는 토끼가 떠올랐어. '그래! 토끼를 보내자. 토끼라면 게으름도 안 피우고 열심히 일할 거야.'

임금님은 곧바로 토끼와 불사약을 만드는 신비한 방아를 달로 보냈어. 달에 간 토끼는 그때부터 열심히 방아를 찧어 불사약을 만들었단다.

땀 흘리며 열심히 일하는 토끼가 기특해 하늘 나라 임금님은 달에 계수나무를 심어 주었고, 토끼는 계수나무 그늘 아래서 열심히 방아를 찧게 되었다는 이야기지.

정말요?

그러나 그건 옛날이야기일 뿐, 실제로 달에는 아무런 생명체도 살 수 없단다.

그래도 저는 달나라에 가면 토끼가 있을 것 같아요!

허허!

달에는 물이 없고 낮과 밤의 기온 차가 엄청나 생명체가 살기 어렵지.

달탐사선이 보내오는 과학적인 정보로 많은 걸 알 수 있거든.

과학이 발전하면 언젠가는 달에도 생명체가 살 수 있는 날이 올지 모르지.

그땐 지구에서가 아니라 달에 가서 아름다운 별을 구경하자꾸나.

정말요?

그럼.

할아버지, 그런데 추석에는 왜 늘 보름달만 떠요?

추석은 음력으로 8월 15일, 즉 8월 보름이라서 보름달이 뜨는 거란다.

음력 8월 15일? 음력이 뭐야?

음력은 양력이 아닌 게 음력이야!

음력은 달의 움직임을 기준으로 삼아 달이 평균 29(29.53)일을 주기로 차고 줄어드는 것을 1달로 정해서 만든 달력이지.

보름달
(음력 15일)

하현달
(음력 21일)

상현달
(음력 8일)

그믐달
(음력 27일)

초승달
(음력 3일)

6월 5월 4월 3월 2월 1월 7월 8월 9월 10월 11월 12월

양력은 태양력의 준말로 *1태양년인 365(365.24)일을 12달로 나누어 만든 것이란다.

*1태양년 황도를 따라 도는 태양이 춘분점을 출발하여 다시 춘분점에 돌아오기까지의 시간

그래서 보름달이 저렇게 둥글고 밝게 보이는 거군요.

그렇지!

할아버지 말씀이 이해되는 것 같으면서도 머리로는 그림이 잘 안 그려져요.

사실 저도 그래요.

4주

보름

한바퀴

별자리 이야기는 잘 떠오르던데….

보지 않고 머릿속으로만 무한한 우주의 움직임을 이해한다는 것은 쉬운 일이 아니지.

할아버지, 이번에는 가을 별자리 이야기 해 주세요.

별자리 이야기?

별을 찾아야 별자리 얘기를 해 주시지!

별은 나중에 찾고.

이럴 땐 오빠가 동생 같다니깐.

샘이 말처럼 별을 찾고 얘기를 들으면 더 좋지 않을까?

할아버지, 그럼 빨리 별자리 찾아봐요.

허허 그래, 그러자꾸나.

오빠 정말 못 말려!

오늘은 어떤 별자리를 찾아볼까?

달이 너무 밝아 그런가. 별들이 눈에 잘 들어오질 않는구나.

너희들, 견우성, 직녀성은 찾을 수 있겠니?

여름의 대삼각형을 찾으면 되죠?

백조자리 데네브, 거문고자리 베가, 독수리자리… 뭐였더라?

독수리자리 알타이르!

맞다! 알타이르!!

정말 놀랐는걸! 여름의 대삼각형과 별자리의 알파성까지 알고 있다니!

여름 방학 때 삼촌댁에 가서 배웠거든요.

은하수도요.

그랬구나! 그래도 금방 생각해 내는 것이 기특하구나.

바로 **알게디**와
다비흐라는 별인데,
그 두 별을 시작으로
옆에 있는 여섯 개의
별을 연결해 보렴.

큰 삼각형이
거꾸로 서 있는
것 같아요.

알게디

다비흐

잘 찾았구나!
바로 그 별자리가
염소자리란다.

삼각형이
거꾸로 서 있는
모양의 별자리?

백조자리

거문고자리

독수리자리

염소자리

염소자리요?

매에~매에~
우는 염소요?

⋯

그렇단다.
왜, 뭐가
이상하니?

그냥 삼각형을
엎어 놓은 모습인데,
염소자리라니, 상상이
잘 안 돼서요.

저도요!

그럴 거야. 사실
염소자리는 염소와
물고기가 반씩 섞인
모습이거든.

그 모습을
상상할 수
있겠니?

반은 염소,
반은 물고기
모양이라고요?

참 이상하게
생긴 염소네요?

희한하고도 재미있는
별자리 이야기가
있을 것 같아요.

염소자리의
별자리 이야기라….
그래! 재미난 이야기가
하나 있지.

할아버지,
얘기해 주세요.

모양만큼이나
별자리 이야기도
너무 궁금해요.

197

화창한 어느 가을날, 올림포스의 신들이 이집트의 나일강으로
소풍을 갔어. 강가에 모여 술을 마시고 춤을 추며
흥겨운 시간을 보냈지.

목동의 신인 '판'도 갈대로 만든 피리를 불어 흥을 돋우며,
다른 신들과 함께 잔치를 즐기고 있었어. 그런데 그때 갑자기
하늘 한쪽이 컴컴해지더니 천둥소리가 들리는 것이었어.

어두운 하늘에서 올림포스 신들이 지금껏 한 번도 본 적
없는 무시무시한 괴물이 신들이 있는 곳을 향해
무서운 속도로 날아오고 있었어.

그 괴물이 두 팔을 펼치자 동쪽 끝에서 서쪽 끝까지 닿았고, 머리는 하늘에 닿을 정도로 엄청나게 컸어. 용처럼 생긴 머리가 100개나 달려 있고, 이글이글 불타는 눈에서는 불이 뿜어져 나왔지.

그 괴물의 이름은 '티폰(Typhon)'. 그리스 신화에 등장하는 어떤 괴물보다 힘이 셌고, 모든 괴물의 아버지이기도 했어. 여름에 부는 태풍을 영어로 '타이푼(Typhoon)'이라고 하는데, 바로 이 괴물의 이름에서 생겨난 것이란다.

괴물 중의 괴물인 티폰이 갑자기 나타나자 올림포스 신들의 잔치는 엉망이 되었고, 티폰의 공격을 막을 방법을 찾지 못한 신들은 앞다투어 그 자리를 도망쳤어. 티폰의 눈에 띄지 않도록 각자 자신 있는 동물의 모습으로 변신해 달아났지.

미의 여신 아프로디테와 사랑의 신 에로스는
물고기로 변해 강물에 뛰어들었어. 목동의 신 판은
얼른 염소로 변신하였지만 염소의 모습으로는 강물에
뛰어들 수가 없어 다시 주문을 외었어.

그때 멀리서 제우스의 비명이 들리는 거야.

판은 제우스의 비명에 놀라
그만 외우던 주문을 잊어버렸어.
주문을 완전히 외우지 못한 그는
허리 아래만 물고기가 되고, 나머지
위쪽은 염소의 모습 그대로
남게된 거야.

판은 괴물 티폰을 향해 재빨리 손에 들고 있던 피리를 불었어.
위험에 처한 제우스를 구하기 위해서였지.

고막을 찢는 듯한 날카로운 피리 소리가 울려퍼지자 티폰은
견디지 못하고 제우스를 놓아주고 달아났어.

판의 피리 소리 덕에 살아난 제우스는 그 보답으로
밤하늘의 별들 속에 반은 염소, 반은 물고기로 변한
판의 모습을 그려 넣었지. 판의 고마움을
영원히 잊지 않기 위해서 말이야.

저기, 어머니 아버지가 오시는구나.

엄마 아빠도 달 구경하러 나오셨나?

우리 때문에 나오셨을 거야.

애들이 또 할아버지를 귀찮게 해 드렸지요?

아닙니다. 함께 달구경도 하면서 즐거운 추석을 보낸걸요.

이거 번번이 신세를 져서 죄송합니다.

별말씀을~ 애들 덕분에 제가 더 즐거웠지요.

산이야, 샘이야! 오늘은 늦었으니 다음에 또 만나자.

네, 할아버지!

205

역시 별은 할아버지 집 옥상에서 봐야 잘 보인다니까!

어이구, 말은 잘해!

그동안 어떤 별들을 찾았고 어떤 별자리 이야기를 해 주었더라?

카시오페이아와 안드로메다, 케페우스, 페르세우스와 페가수스 그리고 염소자리까지 찾았어요.

바다 괴물에게 죽을 뻔한 안드로메다와 안드로메다 공주를 구해 준 페르세우스, 페가수스가 된 메두사,

상체는 염소이고 하체는 물고기가 된 염소자리 이야기까지 들려주셨어요.

그럼, 오늘은 어떤 별자리를 찾아볼까?

할아버지! 저기 카시오페이아가 보여요.

저도 찾았어요.

별들을 연결해 보긴 했는데….

물병같이 보이지 않는데요?

물병자리

물병자리는 물병 든 청년이 물을 붓는 모습을 별자리로 만든 거란다. 그러니 물병으로 보기 힘들 수밖에!

물병을 든 청년의 모습이요?

어쩐지….

아래쪽 화살표 모양의 별들을 연결하면 길쭉한 마름모꼴(◇)이 되지. 그건 **남쪽 물고기자리**란다.

물병자리

남쪽물고기자리

211

물병자리에는
왜 행운의 별이
많은데요?

그건 물병자리에
속하는 별들의 이름을
아라비아 사람들이
붙였기 때문이지.

아라비아
사람이면,
사막에 사는
사람들이요?

그렇단다!
아라비아는 사막이
많은 곳이고, 사막에서
가장 필요한 것은
바로 물이었지.

그러니
물병자리는 사막에
사는 사람들의 마음을
시원하게 해 주는 행운의
별자리일 수밖에.

그리고
이 지역에서는 태양이
물병자리를 지날 때
비가 오는 계절이
시작되거든.

물병자리는 정말
행운으로 가득 찬
별자리네요.

물병자리에도
분명히 재미있는
이야기가 있을 것
같아요.

글쎄…?

물병자리
이야기도 해
주세요.

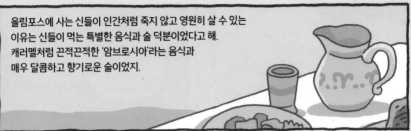

올림포스에 사는 신들이 인간처럼 죽지 않고 영원히 살 수 있는 이유는 신들이 먹는 특별한 음식과 술 덕분이었다고 해. 캐러멜처럼 끈적끈적한 '암브로시아'라는 음식과 매우 달콤하고 향기로운 술이었지.

암브로시아라는 음식을 먹으면 병에 걸리지 않고 오래 살 수 있었고, 그 희귀한 술을 마시면 죽지 않았지. 특히 신들의 축제 때에 이 술은 없어서는 안 될 매우 중요한 것이었어.

축제 때 술잔에 술을 따르는 여인이 있었는데, 그녀는 바로 제우스와 헤라 사이에서 태어난 청춘의 여신 헤베였어. 그녀는 올림포스의 술 창고를 관리하기도 했지.

그러던 어느 날, 올림포스산에 인간인 헤라클레스가 나타났어. 그를 아끼던 제우스는 헤라클레스가 죽자 그를 신들이 사는 곳으로 불렀던 거야. 헤라클레스를 본 헤베는 첫눈에 반하고 말았어.

헤라클레스도 헤베의 아름다움에 끌렸고, 둘은 제우스의 허락을 받아 결혼을 했지.
술 창고를 관리하는 헤베를 아내로 두게 된 헤라클레스는 마음대로
향기로운 술을 마실 수 있었어.

그런데 축제 때나 마셔야 할 술을 헤라클레스가 날마다
마시고는 늘 술에 취해 있었어. 헤베는 제우스를 찾아가서
술의 관리와 시중드는 일을 그만두겠다고 했어.
헤라클레스가 술독에 빠져 지내는 걸 더는
두고 볼 수 없었기 때문이지.

제우스도 헤라클레스가 걱정되어 헤베의 부탁을 들어주었어. 그렇지만 누가 술을
관리하고 술 시중을 들 것인가 고민이었지. 순간 제우스에게 좋은 생각이 떠올랐어.
'그래 인간 세상에서 적당한 사람을
찾아 데려오면 되겠구나!'

제우스는 독수리로 변해 트로이 지방을 날아가다가 양떼를
지키는 잘생긴 청년을 보게 되었어. 트로이의 왕자
'가니메데'였어. 무척 아름다운 청년이었지.
'좋아! 바로 저 청년을 올림포스로 데려가야겠다!'

독수리로 변신한 제우스는 날카로운 발톱으로
가니메데를 붙잡아 올림포스산으로 데려갔고,
제우스에게 납치되어 올림포스산으로 온
가니메데는 그곳을 빠져나갈 수
없다는 것을 깨달았지.

가니메데는 술 시중을 들며 차차 그곳 생활에 적응했고,
올림포스 신들도 가니메데를 좋아하게 되었어.
하지만 납치된 가니메데를 그리워하며
매일 밤을 눈물로 지새우는 사람이 있었는데,
바로 갑작스럽게 아들을 잃어버린
트로이의 왕과 왕비였어.

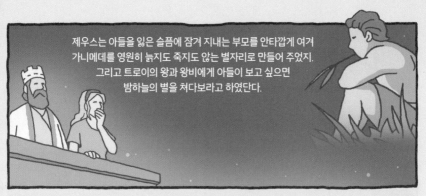

제우스는 아들을 잃은 슬픔에 잠겨 지내는 부모를 안타깝게 여겨
가니메데를 영원히 늙지도 죽지도 않는 별자리로 만들어 주었지.
그리고 트로이의 왕과 왕비에게 아들이 보고 싶으면
밤하늘의 별을 쳐다보라고 하였단다.

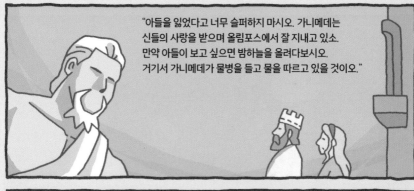

"아들을 잃었다고 너무 슬퍼하지 마시오. 가니메데는
신들의 사랑을 받으며 올림포스에서 잘 지내고 있소.
만약 아들이 보고 싶으면 밤하늘을 올려다보시오.
거기서 가니메데가 물병을 들고 물을 따르고 있을 것이오."

가니메데의 부모는 제우스의 말을 듣고는 그제야 눈물을
거두고 밤하늘에 별이 되어 물을 따르는 아들의 모습을 보며
아들에 대한 그리움과 슬픔을 달랬단다.

물병자리의 주인공은 멋진 청년이군요!

그 이름 가니메데!

벌써 꽤 시간이 지난 것 같구나.

저기 누가 이쪽으로 걸어오는데?

누구지?

엄마다!

애들 마중 나오셨군요?

네! 그런데 애들이 번번이 할아버지를 귀찮게 하네요.

귀찮게 하기는요. 저도 아이들 때문에 즐거운 시간을 보냈는데요.

늘 아이들에게 아름답고 유익한 이야기 들려주셔서 정말 감사합니다.

원, 별 말씀을.

애들아, 이제 그만 가야지. 그럼 안녕히 계세요.

할아버지, 안녕히 계세요.

엄마! 오늘 할아버지께서 물병자리 이야기를 해 주셨어요. 저기 저쪽에 보이는 별자리가 물병자리예요.

엄마 별자리가 물병자리예요?

219

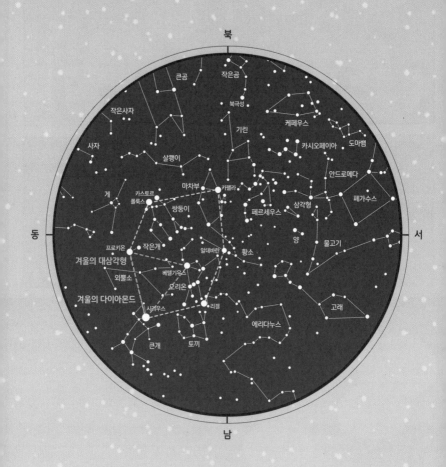

겨울 별자리 여행

안녕하세요.
저는 여러분의 천체
관측을 도와줄 별지기
선생님이랍니다.

이곳 천문대에
오신 것을
환영합니다.

날이 어두워지면
천체를 관측하고,
지금은 플라네타륨에서
재밌는 별자리 여행을
하겠습니다.

플라네타륨?

빨리
별부터 보면
좋은데.

플라네타륨이란
밤하늘에서 항성이나
행성의 움직임의 원리를
쉽게 이해할 수 있도록
도와주는 천체 투영실
이랍니다.

그럼 지금부터
멋진 밤하늘의
별들을 살펴
볼까요?

225

카시오페이아자리

북두칠성

맞았어요.
저기 북두칠성과
카시오페이아가
있지요.

산이와 샘이가
이젠 별 박사가
다 된 것 같은데?

별 할아버지
덕분이지요.

그럼,
이번에는
가장 밝은 별을
찾아볼까요?

가장 밝은 별?
이번에는 내가
먼저 찾아야지.

어느 별이 가장 밝지?

저기, 저 아래쪽에 파랑게 **빛나는 별**이 가장 밝은 것 같아요.

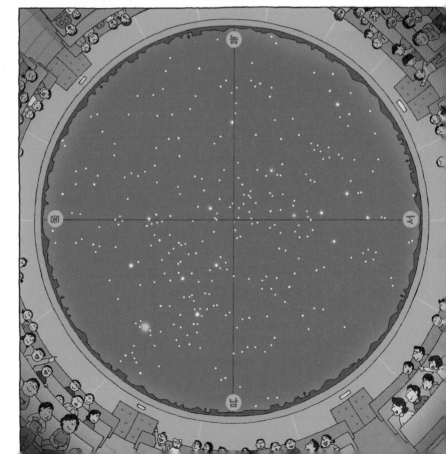

231

새벽의 여신 에오스가 세상에서 가장 빠른 개를 케팔로스라는 청년에게
선물로 주었어요. 그는 무척 기뻐하며 늘 개와 같이 다니면서
그 개를 사람들에게 자랑하곤 했어요.

그러던 어느 날, 짓궂은 신이 테베라는 지방에
여우 한 마리를 풀어놓았는데,
그 여우는 밤만 되면 마을의 가축은 물론
어린아이까지 잡아먹었어요.

사냥꾼들이 모여 그 여우를 잡기 위해
함정을 파거나 덫을 놓았지만,
여우를 잡을 수가 없었어요. 어쩌다가
여우를 발견하고는 화살을 쏘았지만,
여우는 화살보다 더 빠르게 달아났지요.

그러다 누군가가 케팔로스의 사냥개라면 여우를 잡을 수 있을지 모른다고 했어요.
사냥꾼들은 케팔로스를 찾아가 여우를 잡기 위해 사냥개를 빌려 달라고 부탁했고,
케팔로스는 그 부탁을 들어주었지요.

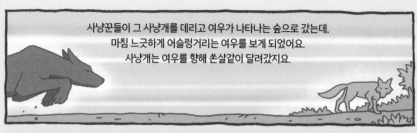

사냥꾼들이 그 사냥개를 데리고 여우가 나타나는 숲으로 갔는데,
마침 느긋하게 어슬렁거리는 여우를 보게 되었어요.
사냥개는 여우를 향해 쏜살같이 달려갔지요.

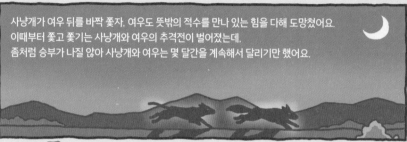

사냥개가 여우 뒤를 바짝 쫓자, 여우도 뜻밖의 적수를 만나 있는 힘을 다해 도망쳤어요.
이때부터 쫓고 쫓기는 사냥개와 여우의 추격전이 벌어졌는데,
좀처럼 승부가 나질 않아 사냥개와 여우는 몇 달간을 계속해서 달리기만 했어요.

하늘에서 이 광경을 안타깝게 바라보던 제우스는 그대로 두면
충성스런 사냥개가 그만 쓰러져 죽게 될까 봐, 달리는
사냥개와 여우를 그대로 돌로 만들었어요.

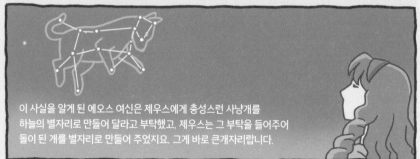

이 사실을 알게 된 에오스 여신은 제우스에게 충성스런 사냥개를
하늘의 별자리로 만들어 달라고 부탁했고, 제우스는 그 부탁을 들어주어
돌이 된 개를 별자리로 만들어 주었지요. 그게 바로 큰개자리랍니다.

달의 여신 아르테미스가 요정들을 데리고 샘물에서 목욕을 하고 있었어요.
그때 악타이온이라는 사람이 사냥개를 데리고 근처를 지나가다
이 장면을 보게 되었지요.

요정들은 악타이온을 발견하고는 비명을 지르며 아르테미스의 몸을 가렸어요.
아르테미스는 악타이온을 향해 물을 끼얹으며 소리를 질렀지요.
"감히 여신의 몸을 훔쳐보다니, 그 죗값을 치르게 해 주겠다."

그 순간 악타이온의 머리에서 뿔이 솟아나기 시작했고, 손과 얼굴이
온통 털로 덮이며 사슴으로 변하고 말았어요. 악타이온은 사슴으로
변한 자신의 모습을 보고 그 자리를 뛰쳐나왔지요.

아무것도 모르고 있던 악타이온의 사냥개는 갑자기
사슴이 뛰쳐나오자 사슴의 목덜미를 콱 물고 늘어졌어요.
사슴이 된 악타이온은 자기의 사냥개를 향해 소리쳤지만
그의 목소리는 구슬픈 사슴의 울음소리로만 들렸어요.

결국 사슴이 된 악타이온은 그 자리에 쓰러지고 말았지요.
사냥개는 이리저리 주인을 찾다가 주인이 보이질 않자
그 자리에 앉아서 하염없이 주인이
오기만을 기다렸어요.

그러나 아무리 기다려도 주인은 나타나지 않았고,
힘이 빠진 사냥개는 그만 그 자리에서 굶어 죽고 말았어요.
그 사냥개의 충성심에 감동한 신들이 사냥개를 하늘로 올려
별자리로 만들었는데, 그 별자리가 바로 작은개자리예요.

바로 **삼태성**이라는 별이에요. '오리온의 허리띠'에 해당하지요.

삼태성 주위를 사각형 모양으로 둘러싼 네 개의 별은 몸통과 다리를 이루는 별들이에요.

삼태성

삼태성 아래에 작은 별이 하나 더 보이는데요?

네, 그 별은 오리온이 허리에 차고 있는 칼에 해당해요.

조금 전 네 개의 별 중에 위쪽의 밝은 별이 **베텔기우스**이고, 아래쪽의 밝은 별이 **리겔**이에요. 바로 오리온자리의 알파성과 베타성이지요.

오리온자리

베텔기우스

리겔

오리온자리는 1등성이 두 개인 데다가 많은 별이 몰려 있어 찾기 쉬워요.

그래서 다른 별자리를 찾는 기준이 되기도 하지요.

정말 겨울 별자리는 찾기 쉽구나!

남

자, 그럼 지금까지 찾은 겨울 별자리는?

큰개 자리요.

오리온자리 도 있어요.

작은개 자리요.

큰개자리의 시리우스와 작은개자리의 프로키온,

오리온자리의 베텔기우스를 다시 한 번 찾아보겠어요?

241

네, 그럼 겨울의 다이아몬드는 밖에서 보기로 하고, 이번엔 황소자리를 찾아볼까요?

큰개, 작은개, 황소…. 또 다른 동물도 있나요?

게도 있고 살쾡이, 토끼, 바다뱀, 고래 그리고 큰곰과 작은곰도 볼 수 있지요.

와~ 동물원이 따로 없네요.

하하하! 정말 그렇군요.

243

황소자리를 쉽게 찾는 방법은 우선 삼태성을 찾는 거예요.

삼태성을 북쪽으로 연장해 보면, 알파벳 V자 모양의 별자리와 만나게 돼요.

바로 이 **V자 모양**이 황소자리예요.

그중에서 불그스름하게 빛나는 별이 보이지요? 황소자리의 알파성 **알데바란**이에요.

황소자리

알데바란

황소 같지 않은데요?

그럴 거예요. 황소 머리에서 앞발까지의 모양이니까요.

V자는 황소의 얼굴을, 그 위에 있는 두 개의 별은 황소의 뿔 그리고 아래의 별들을 연결해 황소의 앞발을 나타냈어요.

아하!

카시오페이아 자리는 W, 황소자리는 V.

맞아요. 우리 친구는 별자리에 대해 잘 알고 있군요.

선생님! 오리온이 황소를 잡으려고 하는 것 같아요.

정말 그렇게도 보이네요.

남

황소자리에 얽힌 별자리 이야기는 없나요?

재미있는 별자리 이야기가 두 개나 있는데, 오늘은 한 가지만 들려줄게요.

어서 들려주세요~

옛날에 지중해 해안에 아게르노 왕이 다스리는
페니키아라는 왕국이 있었어요. 아게르노 왕에게는
에우로페라는 어여쁜 딸이 있었지요.

어느 화창한 봄날, 에우로페 공주가 바닷가에서 시녀들과 놀고 있는데,
이때 인간의 모습으로 변한 제우스가 바닷가를 거닐다가 우연히
에우로페 공주의 모습을 보게 되었어요.

제우스는 첫눈에 에우로페 공주의 아름다운
모습에 반해, 공주에게 더 가까이 가려고 했어요.
마침 소 떼가 그곳을 지나자 제우스는 아름다운
하얀색 황소로 변신해 소 떼 속에 섞여
공주에게 다가갔어요.

에우로페 공주는 소 떼 속에서 눈에 띄는 멋진
하얀색 황소를 발견하고는 소의 곁으로
다가가 부드러운 손길로 황소를 어루만졌어요.
황소도 공주에게 인사를 하듯
무릎을 꿇고 고개를 숙였지요.

에우로페와 시녀들은 황소의 재롱과 멋진 모습에 이끌려
소에게 꽃목걸이도 만들어 주며 재미있게 놀았어요.
에우로페 공주는 소의 등에 올라타 장난을 쳤어요.

그러자 황소는 기다렸다는 듯이 재빨리 바다로
뛰어들었어요. 공주는 놀라서 소리를 쳤지만 황소는
아랑곳하지 않고 바다를 헤엄치기 시작했고,
하루를 꼬박 헤엄쳐 크레타섬에 다다랐어요.

황소는 섬에 도착해 공주를 자신의 등에서 내리게 한 뒤,
사람의 모습으로 변해 에우로페에게 말했어요.

"에우로페 공주, 놀라게 해서 미안하오. 당신의 아름다움에
빠져 나도 모르게 그만 이곳까지 오게 되었소.
이 섬과 저 건너편에 보이는 넓은 땅을 줄 테니
나와 함께 여기서 행복하게 살지 않겠소?"

제우스와 에우로페 공주는 크레타섬에서 꿈같은 세월을
보냈어요. 그러나 제우스는 하늘의 신전으로
다시 돌아가야 했기에 공주에게 미안한
마음이 들어 세 가지 선물을 주었어요.

섬의 해안을 지키는 청동거인 '탈로스',
언제나 사냥감을 잡아오는 '사냥개',
무엇이든 명중시키는 '창'이었어요.

그리고 에우로페와의 사랑을 오래도록 간직하고 싶어
자신이 변신했던 황소의 모습을 별자리로 만들어
밤하늘을 수놓았지요.

나중에 그 섬 건너편에 있는 넓은 땅은
공주의 이름을 따서 에우로페,
즉 유럽(Europe)이라고 불리게 되었답니다.

벌써
어두워졌네.

와! 별
참 많다.

정말! 그냥
맨눈으로도
잘 보이네!

모두
이쪽을
보세요!

망원경은 기능에 따라 컴퓨터 칩이나 카메라가 들어 있는 것도 있지요.

이 망원경에는 컴퓨터 칩과 카메라가 모두 들어 있답니다.

망원경은 누가 처음 만들었어요?

망원경은 1608년, 네덜란드의 **리퍼세이**가 두 렌즈가 적당한 거리에 있을 때 멀리 있는 물체가 가깝게 보인다는 사실을 발견해 만든 거예요.

이 사실을 들은 과학자 **갈릴레이**는 볼록 렌즈와 오목 렌즈를 붙여 망원경을 만들었고,

1610년 세계 최초로 망원경을 이용해 달, 목성, 금성 등 천체를 관측했지요.

그 후로 두 개의 볼록 렌즈를 이용한 망원경이, 1611년 **케플러**에 의해 설계되어 지금까지도 널리 이용되고 있어요.

1668년 **뉴턴**은 거울을 이용한 반사망원경을 고안해 냈는데, 오늘날 초대형 망원경의 대부분은 반사망원경의 한 유형이라 할 수 있답니다.

지금은 과학의 발달로 우주에서 별을 관측한 뒤, 그 정보를 지구에 보내 주기도 해요.

우주에서요?

왜요?

지상에서는 관측하기 어려운 것들을 관측하기 위해서지요.

지구는 얇은 기체의 막으로 둘러싸여서 우주를 관측할 때 방해를 받아요. 그래서 우주에 망원경을 설치하는 거랍니다.

우주망원경은 인류가 달을 정복한 1969년에 미국에서 제안되어, 1977년부터 제작했어요. 바로 ***허블 우주망원경**이에요.

우리 은하는 수많은 은하 중의 하나에 불과하고, 우주는 팽창한다는 사실을 발견한 천문학자 **에드윈 허블**의 이름을 따서 지어졌지요.

허블 우주망원경은 1990년 우주왕복선, 디스커버리호에 실려 지상 610km 상공에 띄워졌어요. 본격적인 우주망원경의 시대가 열린 것이지요.

지금 보는 이 사진은 지상의 '천체망원경'과 지구 밖의 '허블 우주망원경'으로 좀생이별(플레이아데스 성단)을 찍은 사진이에요. 비교해 보면 이해가 쉽겠죠?

지구에서 찍은 사진

지구 밖에서 찍은 사진

*허블 우주망원경 나사(NASA)에서는 허블 우주망원경보다 성능이 100배 이상 되는 제임스 웹 망원경(JWST)을 제작하였다

255

마차부자리

앗! 선생님, 맨눈으로도 보여요.

그 별자리가 바로 **마차부자리** 예요.

마차부자리?

마차부요?

선생님, 마차부가 무슨 뜻이에요?

259

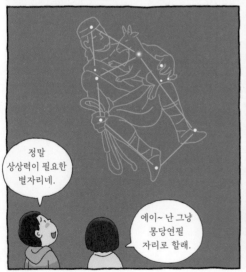

마차부자리에서 가장 밝게 빛나는 별이 바로 **카펠라** 라는 별이에요.

1등성 중에서 북극성과 가장 가까이 있으며, 7월을 제외하고는 1년 내내 볼 수 있는 별이지요.

카펠라

프로펠라? 카펠라!

카펠라 옆에 세 개의 별이 작은 삼각형을 이루고 있죠?

네.

네!

이것을 '새끼 염소'라고 생각해서, 늙은 마차부가 염소를 안고 있는 모습의 별자리가 되었답니다.

별을 보면서 마차부자리에 얽힌 이야기를 들어 보세요.

옛날 피사의 왕 오이노마오스에게는
히포다메이아라는 아리따운 딸이 있었어요.
그러나 어찌된 일인지 오이노마오스는
나이가 찬 딸이 결혼하기를 원치 않았고
오히려 딸의 결혼을 방해했어요.

그 이유는 딸의 남편이 될 사람에게 자기가 죽임을 당한다는
예언 때문이었지요. 왕은 자신과 전차 경주를 해서 이긴 사람을
공주와 결혼시킬 것이라고 공포하였지만, 경주에서 지는
사람은 목숨을 내어놓아야 한다는 조건을 내걸었어요.

왕에게는 세상에서 가장 빠른 말이 끄는 전차가 있어서
누구도 자신을 이길 수 없다고 생각했지요.
많은 젊은이가 왕에게 전차 경주를 도전해 왔지만,
왕은 그때마다 도전을 물리쳤어요.

그러던 어느 날, 죽음을 두려워하지 않는 새로운 도전자가 나타났어요. 그 도전자는 리디아의 펠롭스 왕자였어요. 그는 두 마리의 날개 달린 말과 순금으로 만든 찬란한 전차를 이끌고 피사 왕국에 나타났어요.

펠롭스 왕자는 이미 헤르메스에게서 최고의 전차 조종술을 배웠고, 바다의 신 포세이돈에게 선물로 받은 말과 전차가 있었기 때문에 피사의 왕을 이길 자신이 있었어요.

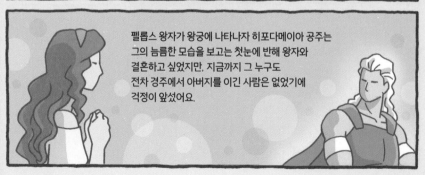

펠롭스 왕자가 왕궁에 나타나자 히포다메이아 공주는 그의 늠름한 모습을 보고는 첫눈에 반해 왕자와 결혼하고 싶었지만, 지금까지 그 누구도 전차 경주에서 아버지를 이긴 사람은 없었기에 걱정이 앞섰어요.

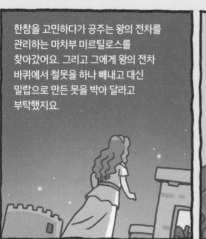

한참을 고민하다가 공주는 왕의 전차를 관리하는 마차부 미르틸로스를 찾아갔어요. 그리고 그에게 왕의 전차 바퀴에서 철못을 하나 빼내고 대신 밀랍으로 만든 못을 박아 달라고 부탁했지요.

마차부 미르틸로스는 망설였어요. 자기가 모시고 있는 왕을 배신하는 일이었기 때문이지요. 그렇지만 오래전부터 공주를 짝사랑했던 그는 공주의 부탁을 거절할 수 없었어요.

드디어 다음 날, 전차 경주가 시작되었어요. 넓은 경기장을 11바퀴나 도는 경주였지요. 예상대로 왕의 마차가 앞서 나가더니 시간이 갈수록 차이가 더욱 벌어졌어요. 사람들은 모두 이번에도 왕이 이길 것이라 확신했어요.

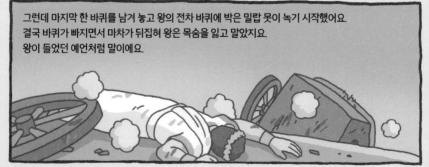

그런데 마지막 한 바퀴를 남겨 놓고 왕의 전차 바퀴에 박은 밀랍 못이 녹기 시작했어요. 결국 바퀴가 빠지면서 마차가 뒤집혀 왕은 목숨을 잃고 말았지요. 왕이 들었던 예언처럼 말이에요.

경주에서 이긴 펠롭스 왕자는 히포다메이아 공주와 결혼을 하고, 피사 왕국의
새 왕이 되었어요. 히포다메이아 공주는 아버지를 잃은 대신 사랑하는 사람을
남편으로 맞이한 것이었어요. 그런데 미르틸로스가 공주를 찾아가
이 비밀을 폭로하겠다고 공주를 협박했어요.

이 사실을 알게 된 펠롭스는 미르틸로스가 탄 마차가
바닷가 절벽을 지날 때를 기다렸다가 마차를 밀어
미르틸로스를 절벽 아래로 떨어뜨려 죽이고 말았지요.

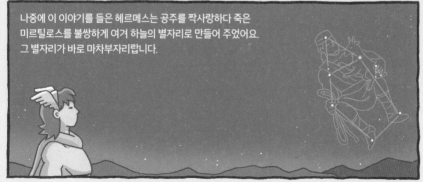

나중에 이 이야기를 들은 헤르메스는 공주를 짝사랑하다 죽은
미르틸로스를 불쌍하게 여겨 하늘의 별자리로 만들어 주었어요.
그 별자리가 바로 마차부자리랍니다.

선생님, 이번에는 어떤 별자리를 찾아볼 거예요?

이번에는 별자리가 아니라 **태양계 행성**을 찾아봐요.

와아!

차례대로 망원경을 들여다 보세요. 무엇이 보이는지.

붉고 밝게 보이는데요?

태양은 아닐 테고….

그래요. 여러분이 방금 본 행성은 바로 **금성**이에요.

선생님, 혹시 금성 아니예요?

금성은 태양계 행성 중 반사율이 가장 높아요.

짙은 이산화탄소의 대기를 갖고 있기 때문이죠. 반사율이 높을수록 밝게 빛나죠.

정말 아름다워요.

어디, 나도 좀 봐!

금성은 대기권이 워낙 두꺼워서 우리 눈이나 망원경으로는 표면을 볼 수 없어요.

비너스라는 아름다운 이름과 달리 표면 온도가 약 470도나 되는 무시무시한 별이랍니다.

이름만 아름다운 별?

아이고, 무서워라~

이번에는 태양계에서 크기로 으뜸인 행성을 찾아볼까요?

태양계의 제일 큰 행성이요?

목성은 태양계의 9개 행성 중 가장 큰데, 크기가 무려 지구의 11배나 돼요.

희고 불그스름한 **가로 줄무늬**가 띠처럼 보이고, 남반구에는 **크고 붉은 점**들도 보여요.

그래서 목성이 올림포스 최고의 신 **제우스**의 다른 이름 **주피터**(Jupiter)로 불리나 봐요.

이번에는 마지막으로 토성을 찾아볼 거예요.

토성?

고리를 가진 행성이지요?

그래요. 토성은 아름다운 고리를 두른 독특한 모양의 행성이에요.

토성의 고리는 1610년 갈릴레이가 발견했어요. 그 고리를 토성에 붙어 있는 귀라고 생각했지요.

그로부터 약 50년 뒤, 네덜란드 천문학자 **호이겐스**는 그것이 귀가 아닌 고리임을 발견했고,

1675년 이탈리아의 천문학자 **카시니**는 토성의 고리가 하나가 아닌 여러 개로 이루어졌다는 사실을 알아냈어요.

질량은 지구의 약 95배, 지름은 약 9.5배나 되는, 태양계에서 목성 다음으로 큰 행성이에요.

선생님! 그럼 목성이 제우스인 것처럼 토성이나 다른 태양계 행성들도 그리스 신화에 나오는 신들의 이름이 붙여졌나요?

맞아요. **수성**은 전령의 신 **헤르메스**예요. 헤르메스는 머리도 좋고 행동도 빨라서 제우스의 뜻을 전하는 주인공이지요.

수성은 아주 짧은 시간 동안만 볼 수 있고, 지구가 태양을 한 번 도는데 365일이 걸리는 데 비해 수성은 88일밖에 걸리지 않아요. 그래서 수성을 날쌘돌이 헤르메스의 로마식 이름을 따 머큐리(Mercury)라고 해요.

금성은 미의 여신인 아프로디테의 로마식 이름 비너스(Venus)라 부르지요. 아프로디테는 대장장이 신인 절름발이 헤파이스토스의 아내랍니다.

금성의 밝게 빛나는 모습이 아름다워서 미의 여신 아프로디테의 이름을 붙였나 봐요.

금성은 초저녁에 가장 먼저 떠오르고, 새벽 마지막까지 빛나는 별이에요.

우리나라에서는 초저녁 금성을 개밥바라기, 태백성, 새벽 금성을 샛별, 계명성 이라 불렀어요.

화성은 붉은 행성답게 전쟁의 신 아레스의 이름을 붙였어요. 아레스는 로마 신화 속 마르스인데, 언제나 두 아들 데이모스와 포보스를 데리고 다녔대요.

그래서 화성을 마르스(Mars)라고 부르고, 화성 주위의 두 위성을 데이모스와 포보스라고 부르는 거예요.

목성은 앞서 말했듯 가장 큰 행성답게 그리스 최고의 신인 제우스의 이름을 붙였어요. 제우스는 로마 신화에서 유피테르로 불리는데, 목성을 뜻하는 주피터는 유피테르의 영어 발음이랍니다.

목성은 많은 위성을 거느리고 있는데, 위성들에는 이오, 에우로페, 가니메데, 칼리스토 등 제우스가 사랑했던 신이나 여인들의 이름이 붙여졌어요.

토성은 제우스의 아버지인 크로노스의 이름을 땄어요. 크로노스는 대지의 신 가이아와 하늘의 신 우라노스 사이에 태어난, 시간과 계절을 주관하는 신이에요. 크로노스는 자기의 아들이 자신을 몰아내고 왕이 될 거라는 예언 때문에 아이를 낳으면 모두 삼켜 버렸답니다

크로노스는 로마 신화 속 농업의 신 사투르누스예요. 세상을 돌아다니며 사람들에게 농사 짓는 법을 알려 준 신이지요. 그 이름에서 토성의 이름 새턴(Saturn)과 토요일(Saturday)이 생겨났지요.

천왕성이 발견된 것은 1781년이에요. 이 행성에는 하늘을 지배하는 신 우라노스의 이름을 붙여 우라노스(Uranus)라고 불리는데, 우라노스는 크로노스의 아버지예요.

옛날에는 하늘과 땅이 서로 붙어 있어서 아이가 뛰어놀 곳이 없었대요.

그래서 크로노스는 아버지와 어머니를 서로 떼어 놓았고, 지금처럼 하늘과 땅이 떨어지게 된 거라고 해요.

1846년에 발견된 해왕성에는 바다의 신 포세이돈의 이름이 붙여졌어요. 포세이돈은 형제인 하데스, 제우스와 힘을 합쳐 아버지 크로노스를 왕의 자리에서 몰아냈어요.

해왕성은 포세이돈의 로마식 이름을 따서 넵튠(Neptune)이라고 부르게 되었지요. 해왕성에는 반은 사람이고, 반은 물고기인 트리톤의 이름을 딴 위성 트리톤을 포함해 많은 위성이 있어요.

태양계의 가장 바깥쪽을 돌며 태양과 가장 멀리 떨어져 있는 명왕성은 로마 신화 속 지하의 신 하데스에 해당하는 플루토(Pluto)라는 이름이 붙여졌지요.

명왕성에는 카론이란 위성이 있는데, 카론은 사람이 죽으면 건너는 '죽음의 강'의 뱃사공이랍니다.

명왕성은 안타깝게도 2006년 세계 천문 연맹 회의에서, 분류상 행성에서 제외되어 태양계의 아홉 번째 행성의 지위를 잃게 되었지요.

태양계 행성을 알고 나니까 모두 한식구인 것처럼 친근하게 느껴져요.

맞아요. 무한한 은하계에서 본다면 태양계는 작고도 가까운 공간이며, 행성들은 태양을 아버지로 한 자식들이라고 할 수 있지요.

이번에는 겨울철의 마지막 별자리를 찾아볼까요?

어떤 별자리일까?

분명 제일 재미있는 이야기의 별자리일 거야.

그 선을 위쪽으로 약 2배 정도 연장해서 그으면 반짝거리는 폴룩스와 카스토르를 만나게 되지요.

이제, 우리 모두 밖으로 나가서 아름다운 밤하늘을 직접 보며, 쌍둥이자리 이야기를 들어 볼까요?

네~

야호!

감동적이고 아름다운 이야기일 거 같아.

카스토르와 폴룩스는 알에서 태어난 쌍둥이 형제예요.
백조로 변신한 제우스가 스파르타의 왕비 레다를
유혹하여 백조의 알을 낳게 하였고,
그 알에서 태어난 것이지요.

쌍둥이 형제는 최고의 신인 제우스의 아들답게 강한 힘과 용기를 지녔으며,
형인 카스토르는 말타기와 사나운 짐승을 길들이는 데,
동생인 폴룩스는 권투와 무기를 다루는 데 재능이 있었어요.

게다가 폴룩스는 영원히 죽지 않는 불사신으로 태어났죠.
이 둘은 언제나 서로를 한 몸처럼 여기고 늘 사이좋게 지냈어요.
어느 날, 쌍둥이 형제는 항구에서 사람들이
어느 벽보 앞에서 웅성거리는 것을 보게 되었어요.

벽보에는 이아손 왕자가 황금 양가죽을 찾는 원정에
함께 갈 사람을 모집한다는 내용이 적혀 있었어요.
쌍둥이 형제는 원정에 지원했고, 이아손 왕자도 흔쾌히
이 둘을 대원으로 선발했어요.

아르고 호에는 쌍둥이 형제 말고도
힘이 센 천하장사 헤라클레스,
미궁 속 괴물 미노타우로스를 물리친 테세우스,
시인이며 뛰어난 음악가인 오르페우스 등
50명의 당대 최고의 영웅들이 있었어요.

며칠 동안 평온한 항해를 계속하던 아르고 호가 큰 폭풍을 만났을 때였어요.
이때 오르페우스가 신들에게 기도를 올리고 하프를 연주하자
거짓말처럼 폭풍이 멈추더니 하늘의 먹구름이 걷히고
카스토르와 폴룩스의 머리 위로 별들이 영롱하게 반짝였어요.

"저기 쌍둥이 형제의 머리 위에 별이 비추고 있다!"
누군가 외치자 모든 사람이 이 광경을 보게 되었고,
그 일로 쌍둥이 형제는 항해자들의 수호신으로 추앙을 받게 되었어요.
그리고 쌍둥이 형제와 아르고 호는 무사히 원정을 마쳤지요.

그러던 어느 날, 쌍둥이 형제는 아름다운 두 자매를 만나게 되었어요.
그러나 그 자매들에게는 약혼자가 있었지요.
할 수 없이 쌍둥이 형제는 자매의
약혼자들과 결투를 벌였는데,

불사의 몸을 가진 동생 폴룩스는 상처 하나 입지 않았지만,
형인 카스토르는 심한 부상을 입고 그만 목숨을 잃고 말았어요.
폴룩스는 신들에게 형을 살려 달라고 빌고 또 빌었지만
아무 소용이 없었어요.

폴룩스는 마지막으로 아버지인 제우스에게 간절히 빌었어요.
"제게 생명을 주신 제우스 신이시여! 제발 제 부탁을 들어주세요.
저의 영원한 생명을 형과 나눌 수 있게 해 주시던지,
아니면 저도 형과 함께 죽게 해 주세요."

눈물겨운 쌍둥이 형제의 우애에 감동한
제우스는 폴룩스에게 이렇게 말했어요.
"아들아, 네 마음이 정 그렇다면
너의 목숨 반을 형에게 나누어 주마."

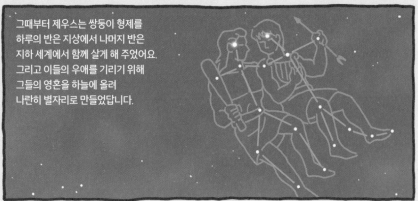

그때부터 제우스는 쌍둥이 형제를
하루의 반은 지상에서 나머지 반은
지하 세계에서 함께 살게 해 주었어요.
그리고 이들의 우애를 기리기 위해
그들의 영혼을 하늘에 올려
나란히 별자리로 만들었답니다.

여러분은 이 우주에서 가장 아름다운 별이 어디라고 생각하세요?

토성이요.

오리온자리 별들이요.

은하수요.

안드로메다요.

물론 태양계의 행성이나 다른 별들도 아름답지만, 가장 아름다운 별은 바로 우리가 살고 있는 **지구**랍니다.

물과 공기가 있어 풀과 나무, 온 만물이 살아 숨쉬고,

무엇보다 사람들이 서로 사랑하며 살고 있는 우리들의 소중한 보금자리니까요.

지호진 글

좋아하는 별자리는 오리온자리입니다. 별을 좋아하여 어린이 캠프에서 아이들과 별을 보며 별자리 이야기를 들려주기도 했습니다. 대학에서 문예창작을 전공하고, 잡지사에서 기자로, 출판사에서 편집자로 활동하며 여러 책을 기획하여 펴냈습니다. 지은 책으로는 《최고의 과학관을 찾아라》, 《교과서 밖 자연체험》, 《아하! 그땐 이런 과학기술이 있었군요》 등이 있습니다.

이혁 그림

어릴 적부터 가족 별자리라고 생각했던 북두칠성을 가장 좋아하며, 밤하늘의 아름다운 별들을 바라보며 공상하기를 즐깁니다. 어린 시절 자연에서 놀기와 그림 그리기를 좋아해서 지금은 어린이들을 위한 그림을 그리고 있습니다. 그린 책으로는 《한 권으로 보는 그림 한국사 백과》, 《한 권으로 보는 그림 문화재 백과》, 《아하! 그땐 이런 과학기술이 있었군요》 등이 있습니다.

이대암 감수 및 추천

별을 사랑하는 건축가이자 천문가로 별마로천문대 기본 설계를 했으며 초대 대장을 지냈습니다. 2009년, 한국인 최초로 혜성을 발견하였으며(Yi-SWAN 혜성), 혜성 발견의 공로로 미국과 일본에서 'Edgar Wilson상(스미소니언 천체물리연구소)'과 '신천체발견상(일본 동아천문학회)'을 수상하였습니다. 2010년에는 페가수스자리에서 한국인 최초로 신성(Dwarf nova)을 발견하였습니다. 국제천문연맹(IAU)은 '소행성-7602'를 '이대암'이라 명명하였습니다(Minor Planet 7602-Yidaeam). 지금은 영월곤충박물관 관장이자 대암천문대 대장으로 낮에는 장수하늘소를 연구하고, 밤에는 새로운 별을 탐색하며 지냅니다.

오늘은, 별자리 여행

1쇄 - 2022년 1월 18일
3쇄 - 2023년 5월 16일
글 - 지호진
그림 - 이혁
발행인 - 허진
발행처 - 진선출판사(주)
편집 - 김경미, 최윤선, 최지혜
디자인 - 고은정, 김은희
총무·마케팅 - 유재수, 나미영, 허인화
주소 - 서울시 종로구 삼일대로 457 (경운동 88번지) 수운회관 15층
　　　전화 (02)720-5990 팩스 (02)739-2129
　　　홈페이지 www.jinsun.co.kr
등록 - 1975년 9월 3일 10-92

※책값은 표지에 있습니다.
※이 도서에 사용된 폰트 저작권은 유토이미지(UTOIMAGE.COM)에 있습니다.

ISBN 979-11-90779-49-4 03440